DEL "OCÉANO DEL AIRE" Y LA AEROSTACIÓN CORPORATIVA EN ESPAÑA

Francisco Javier Sánchez Lladó

DEL "OCÉANO DEL AIRE" Y LA AEROSTACIÓN CORPORATIVA EN ESPAÑA

© Edición: Archivo General de Ceuta

© Textos: Francisco Javier Sánchez Lladó

© Imágenes: sus diferentes propietarios y/o autores.

Impresión y diseño: Papel de Aguas - Ceuta

ISBN: 978-84-15243-96-0

Depósito Legal: CE - 3 / 2024

SUMARIO

AGRADECIMIENTOS

A los siguientes archivos: Archivo del Centro Cartográfico y Fotográfico del Ejército del Aire; Archivo Fotográfico de la Academia General del Aire; Archivo General de Ceuta; Archivo Histórico de la Ciudad de Barcelona; Archivo Histórico del Ejército del Aire; Archivo Histórico Ferroviario de Madrid; Archivo Municipal de El Prat; Archivo Municipal de Flix; Archivo Municipal de San Javier (Murcia); y demás Archivos, Bibliotecas y Hemerotecas consultados; y, en particular, a los historiadores Juan Moragas Bringué, Josep Ferret Pujol y Luís Utrilla Navarro por las referencias facilitadas.

OBJETIVOS

Como objetivos generales, hacer referencia a las diversas formas de comunicación que se establecieron, una vez que se completó la circunnavegación, para prever el clima. Su desarrollo se apoyó en un nuevo medio para navegar por el desconocido *Océano del aire*, el *aerostato*, y en un nuevo sistema de transmitir señales, la *telegrafía*, que *disminuía el tiempo* en la transmisión de mensajes.

Como objetivos específicos, hacer referencia a la *movilidad* del Servicio de aerostación y a la *calidad* de gas hidrógeno que proporcionaba la fuerza ascensional al aerostato, relacionándolo con los nuevos sistemas de navegación por el referido Océano, el *globo-dirigible* y el *aeroplano*, concluyendo con la puesta en conjunción de los mismos, vistos desde un interés general.

DESARROLLO

El artículo se inicia con unas notas de la primera circunnavegación, para dar un salto en el tiempo, hasta finales del siglo XIX, en donde se conformaron organismos internacionales para interés general, como fueron, el Servicio Meteorológico, la Asociación de Geodesia[1] y la Comisión de Aerostación Científica.

Desde el *sport*, son los comienzos de la aerostación. Con la obtención del gas hidrógeno, de mayor fuerza ascensional que los gases que venían utilizándose, el conjunto del sistema generador de gas se trasladaba al lugar en donde iba a realizarse la elevación del aerostato, iniciándose una nueva etapa de la aerostación. Y conseguida su compresión, en lugar de fabricarlo *in situ*, fue transportado en cilindros especiales al lugar de la elevación, lo que dio mayor movilidad a las Unidades aerosteras. En España fue motivo para transformar la Sección aerostera de señales, del Batallón de Telégrafos, del Cuerpo de Ingenieros, en una nueva organización independiente del referido Batallón, el Servicio de aerostación.

La descripción del suministro de hidrógeno a la Aerostación se ha agrupado en varios apartados, siguiendo una cronología marcada por las distintas etapas de su desarrollo, junto con la puesta en conjunción de los nuevos escenarios aeronáuticos, como fueron, el globo-dirigible y el aeroplano.

1.- En el mes de septiembre de 1870, en España se creó el Instituto Geográfico dentro de la Dirección General de Estadística la cual se incorporó al Ministerio de Fomento. Los trabajos a ejecutar por el Instituto estaban relacionados con: *Determinación de la forma y dimensiones de la tierra*; *Triangulaciones geodésicas de distintos órdenes*; *Nivelaciones de precisión*; *Triangulación topográfica*; *Topografía del mapa y del catastro*; y, *Determinación y conservación de los tipos internacionales de las pesas y medidas*. Además, el Observatorio astronómico de Madrid, de acuerdo con el Instituto geográfico, tendrá a su cargo *la determinación de latitudes, longitudes y azimutales en algunos vértices geodésicos*. (G. M. Nº 257; 1870). Y en 1977, pasó a denominarse Instituto Geográfico Nacional. (IGN 150 Aniversario. 2020).

PREÁMBULO

Los resúmenes de los inicios de la aerostación son diversos, siendo uno de ellos el correspondiente a la descripción histórica hecha por oficiales destinados en el Batallón de Telégrafos, comisionados para estudiar la conveniencia de constituir un servicio de comunicación apoyado en los aerostatos. En el apartado *"Consideraciones preliminares"* del primer capítulo[2], correspondientes a la publicación *"La Aerostación militar"*, el autor, entre diversos aspectos y detalles relacionados con la historia de los aerostatos, da unas referencias, un tanto olvidadas, de cuándo y a quién se le atribuye la *Invención de los globos aerostáticos*. De la referida invención se vierten las siguientes referencias: *"Los documentos de aquel tiempo prueban que fue el jesuita portugués D. Bartolomé Lorenzo de Guzmán, originario de Brasil, el que encontró el medio buscado; autorizado por el rey de Portugal, D. Juan V, procedió a la construcción de su aparato, del que no es fácil formarse idea exacta por las confusas descripciones que se conocen. Después de muchos preparativos, y de llenarlo de aire enrarecido por el calor, se elevó en la máquina de su invención, el día 8 de agosto de 1709, en presencia de la corte portuguesa y de una inmensa muchedumbre que había acudido a presenciar el portentoso espectáculo, mereciendo que se le diera privilegio y una canongía, y que el pueblo le designara con el nombre «O padre voador»."* (Suárez de la Vega; 1887).

Con el título *"Un Documento Muy Interesante"*, (1913), el autor considera que ha *dado cumplimiento a la disposición dada en la R. o. de 29 de mayo de 1913,* al hacer pública una carta, **con valor histórico**, del Capitán general Conde Aranda[3] dirigida a D. José Pedraza, Brigadier del Cuerpo de Artillería, poniendo en su conocimiento que el Colegio de Artillería hizo ensayos de un globo, en 1792, «con fines estrictamente militares perfectamente definidos, con material propio de construcción española y antes de que lo ensayara ningún otro ejército»; ensayos realizados en el mes de noviembre, (1792), en el Real Sitio de San Lorenzo del Escorial, ante el Rey Carlos IV y su primer Ministro, bajo la dirección del profesor de química Sr. Proust[4]. De la misma se extraen las siguientes reseñas: *"Cual era el de tener en campaña y en cualquier situación y hora del día una atalaya fija o ambulante a voluntad y susceptible*

2.- *"Resumen histórico de las aplicaciones militares de los globos aerostáticos"*

3.- Don Pedro Pablo Abarca de Bolea primer jefe del Cuerpo que ostentó el título, (1756-1758), de Director General del Real Cuerpo de Artillería.

4.- *"Memorial Histórico de la Artillería Española"*, (De Salas, Ramón; 1831).

de mucha elevación para descubrir los terrenos del contorno de un ejército y los movimientos, como evoluciones del enemigo en la disposición de un ataque, etc." Continúan las referencias: "[El Conde Aranda] *consideraba el globo, en sus fines puramente militares, como efecto del parque, propio de la artillería, por lo cual, creía que su destino digno sería el de ofrecerlo y presentarlo a la misma escuela militar que había contribuido a su formación y manejo, y la que puede sucesivamente habilitar los individuos de ella en tan importante servicio".*

Del comentario que hace el autor al contenido de la misma, como valor histórico, se extraen las líneas siguientes: "deba ésta [la aerostación], ser entregada a los artilleros en cuanto se refiere a sus aplicaciones exclusivamente artilleras [...]. Claro es que nada de cuanto hemos dicho tiene por objeto pedir la reorganización de los servicios recientemente organizados y dispuestos por quien seguramente habrá estudiado el asunto antes de proceder a la novísima organización existente"; y como también se menciona a renglón seguido: *"Hemos dejado únicamente escapar, al correr la pluma, las ideas que en nuestro ánimo han hecho revivir el documento que reproducimos y la Real orden a que nos hemos referido".* (Memorial de Artillería; 1913).

Respecto a la organización del Servicio de aerostación aludida, ésta había sido organizada siguiendo las pautas internacionales, incluyendo la formación de personal aerostero perteneciente al Cuerpo de Artillería; siendo una de las cuestiones primordiales, **la movilidad**, relacionada con la obtención, transporte y suministro del gas hidrógeno electrolítico.

Dicha movilidad, también dio lugar a que la Aerostación representara una nueva forma de vigilancia de fronteras, evolucionando el concepto de *Campo atrincherado* que se utilizaba en el siglo XIX.

De las referencias al suministro de hidrógeno, una vez alcanzada la experiencia aeronáutica reconocida a nivel internacional, como se describe más adelante, son las siguientes líneas: *"Desde los inicios del servicio de la Aerostación en España, las grandísimas ventajas del sistema empleado en Prusia para la adquisición del gas hidrógeno, ya comprimido, consistente en adquirirlo en la industria particular, en las que siendo el hidrógeno un producto secundario, se puede obtener a muy buen precio, y en diversas ocasiones se han hecho gestiones para tratar de efectuar de esta forma la adquisición, pero las circunstancias de estar muy poco desarrollada en los alrededores de Guadalajara las industrias químicas, y lo caro de los transportes en ferrocarril en nuestro país, han hecho que hasta que se ha instalado la sociedad "La Oxhídrica Española" en Zaragoza no haya podido tener solución satisfactoria este problema pues si bien alguna sociedad de Cataluña o de la región industrial del norte de España, hubiera podido proporcionar el hidrógeno, lo caro del transporte imposibilitaba el planteo del problema. [...]. Lo que ahora se propone es adquirir una parte del hidrógeno a la industria particular, en mejores condiciones de precio y de calidad, respecto al fabricado directamente, pero conservando y perfeccionando todos los elementos de material y personal para la fabricación de gas".* (Pedro Vives y Vich; 1910).

PARTE I (1519 - 1900):

DE LA *COMUNICACIÓN* GEOGRÁFICA Y TELEGRÁFICA[5]

Una vez establecida la circunnavegación, (1519-1522), la Cosmografía, como *descripción*, *trazado* y *representación gráfica* del mundo, se desarrolló de manera significativa por la necesidad de representar lo "más exacto posible" las costas, islas y demás accidentes geográficos en las cartas náuticas.

En el siglo XVI, uno de los lugares que se consideró como referencia para la representación de *longitudes* y *latitudes* geográficas de "Ciudades y Villas más señaladas de las Indias, con algunas Islas, Puertos, Cabos y Ríos más significativos y nombrados, estaban *medidos*, tomando como referencia el meridiano que pasa por la *isla Canaria*"[6]. De la isla aludida, cabría conjeturar que era la *isla del Hierro* (de las islas Canarias), tal como J. Pastorín, (1881), describe en la publicación: "*Cuenta del tiempo cosmopolita y Primer meridiano universal*", en donde hace una mención de la diversidad de meridianos de referencia que se utilizaron para representar las *longitudes* en las cartas náuticas que la Marina española consultó. Unas breves notas de la misma son las siguientes líneas: "Históricamente, España ha contado las *longitudes* desde los meridianos del *Estrecho de Gibraltar*, *Toledo*, el *antiguo colegio de guardia marinas* de Cádiz, *San Fernando* (en dos emplazamientos diferentes del observatorio), *Ferrol*, *Cartagena*, *Plaza mayor* de Madrid, *Observatorio* de la misma capital, *Coimbra*, *Lisboa* (en tres diferentes ubicaciones del observatorio), la *catedral de Manila*, la *isla de Hierro*, en puntos diferentes, alguno indeterminado, [...]."

De la Meteorología, Geodesia y Aerostación en sus inicios

En el transcurso del tiempo surgieron dos nuevas ambigüedades a resolver, en la navegación de alta mar, que podrían definirse como de interés general; éstas eran: por un lado, *navegar con precisión en alta mar* conociendo con exactitud la hora del meridiano de referencia, y, por otro, *prever* las tormentas.

5.- Acercaba "artificialmente" puntos de la Geografía, al conectarlos mediante cables telegráficos.

6.- "*La Cosmografía de Pedro Apiano*"; (1575).

Con la Conferencia de meteorólogos en Leipzig, (1872), y el Congreso de Viena, (1873), se fundó el *Servicio meteorológico Internacional*. La conformación de «*L'Organisation internationale des travaux météorologiques*» dio lugar a que se constituyera un Comité Permanente regulador de los trabajos para prever la meteorología.

En la segunda mitad del siglo XIX, desde el gobierno de la nación, se encomendó a la Marina de guerra española realizar diversas comisiones para estudiar nuevas rutas comerciales con sus derrotas, estrechos entre islas, costas, ensenadas, puertos, fondos marinos y demás aspectos geográfico que ponían en comunicación los mares del Pacífico, y en particular las provincias de Ultramar, como eran las islas Filipinas, levantando cartas celestes y cartas náuticas, en donde quedaron reflejados los valores de las medidas halladas.[7]

Respecto a los *caminos ordinarios* o carreteras de la península Ibérica e islas adyacentes, se publicó un R. d. de julio, (1857), estableciendo una nueva clasificación de los mismos, pasando a clasificarse en vías de *servicio público* y en vías de *servicio particular*, y por un nuevo R. d. de julio, (1860), se aprobaba el Plan General de Carretas según la Ley de 22 de julio, (1857), referida.

Años más tarde, en el R. d. de 29 de diciembre, (Gaceta de Madrid, Nº 365; 1876), se publican las bases de la Ley de Obras Públicas, y se publica la Ley General de Obras Públicas, (G. M., Nº 105; 1877), de la que Rosado Pacheco, (1988), hace una reflexión jurídica sobre el concepto de Obra Pública, en la que presenta las cuestiones básicas que se plantearon al Parlamento que afectaban a dicho concepto de Obra. Estas hacían referencia: a) *La Idea de colaboración entre la Administración Pública y los Particulares;* b) *La idea de tutela Administrativa,* y, c) *El sometimiento de la Administración Pública a la Planificación.*

Respecto a los trabajos de Geodesia que se vinieron desarrollando sucesivamente en España, uno de ellos es el representado en el siguiente plano, **Imagen 1**, (Instituto Geográfico y Estadístico, (IGN). E: 1/1.500.000. Ref. T0003561. *"Red Geodésica de 1er·Orden y Nivelaciones de Precisión de España"* 1883. Internet).

7.- Aristegui Cortijo, A. 2001.

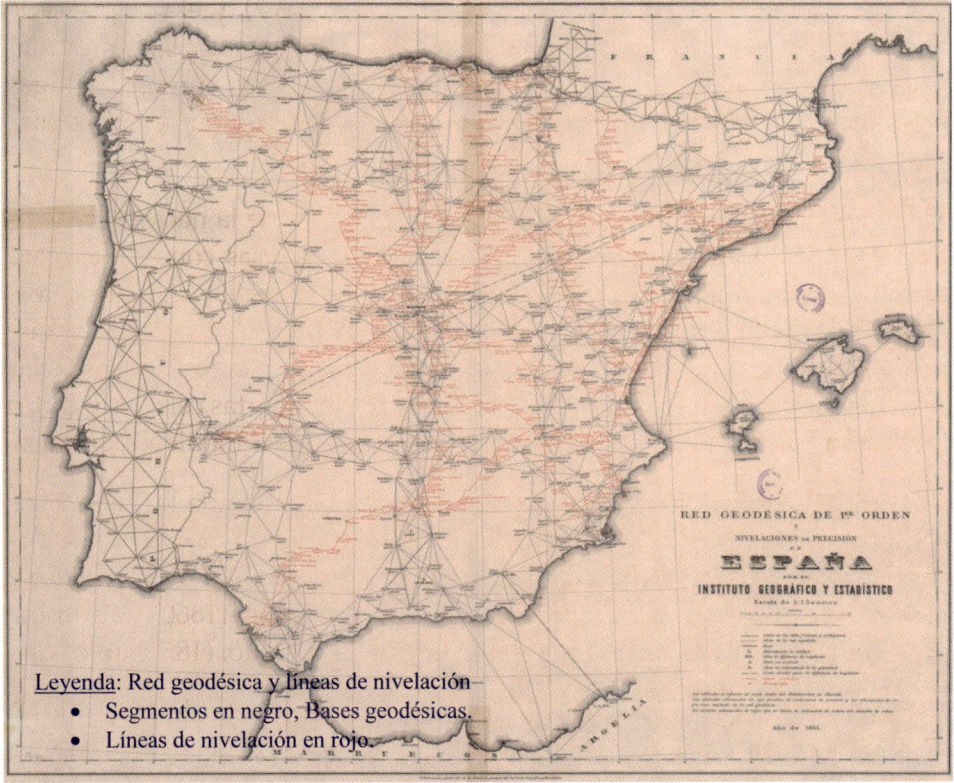

Imagen 1.- *Red Geodésica de la Península, en* 1883. (Imagen del autor).

En el mismo se indican, en color negro, los lados de las redes geodésicas: francesa, portuguesa y española, con sus bases respectivas, en los Pirineos, en Portugal y en la Península; en color rojo, están representadas las líneas de nivelación realizadas hasta la fecha indicada, en la Península. Para elegir el observatorio desde el cual dar cuenta de las longitudes del meridiano principal, o primer meridiano, tendría que ser un observatorio de primer orden, conectado, no sólo por triangulación de los observatorios de igual clase, sino también conectado telegráficamente.

Con la Sociedad de Navegación Sportiva de los *sistemas más ligeros que el aire* se funda el Aeroclub de Francia, (1898), y en Estrasburgo se constituye la Comisión Internacional de Aerostación Científica, (CIAC), creada para la coordinación internacional de las observaciones a niveles atmosféricos superiores y sus estudios asociados, apoyada por la Oficina de Meteorología Internacional, (OMI). En la segunda reunión de la CIAC/OMI, celebrada en París, (1900), se acordó realizar las observaciones mediante: *globos tripu-*

lados, globos sonda, cometas, globos piloto y *observatorios de montaña*; siendo la envolvente esférica de los aerostatos la que proporcionaría menor peso de superficie y contendría mayor volumen de gas, permitiendo alcanzar grandes altitudes dentro del referido Océano del aire.

De la tentativa para elegir un primer meridiano

En los Congresos de geografía de Amberes, (1871); de París, (1878); y de Bruselas, (1879), solamente se consideró la adopción de un meridiano común a todas las naciones, sin hacer referencia a la hora, (Maristany Gibert; 1897). Y con el desarrollo de los caminos de hierro como nuevas vías de comunicación para el transporte, principalmente de mercancías, y para facilitar la coordinación del ferrocarril con los medios marítimos, los cuales también se encontraban en auge, era necesario acercar las estaciones del ferrocarril a los puertos marítimos. Tal acercamiento requería coordinar el tiempo local y el regional, que era el que se venía utilizando, con un nuevo tiempo común, el *tiempo Cosmopolita*, que conllevaba tener un *Primer meridiano o meridiano Universal*, único, para contabilizar el referido tiempo.

A raíz de la reunión trienal de la Asociación internacional geodésica, correspondiente a la séptima Conferencia General que tuvo lugar en Roma, (1883), cuyo programa había sido acordado en el año anterior, (1882), en la reunión de la Comisión permanente que se había celebrado en la Haya, la Asociación de geodestas, requería que los acuerdos técnicos alcanzados dieran lugar a una posterior conferencia especial, con la idea central de: *la conveniencia de elegir un primer meridiano para la unificación de cuenta de las longitudes, y la adopción de la hora internacional para los servicios de los caminos de hierro, correos, telégrafos, etc.*

La conferencia especial que se estableció fue una conferencia diplomática[8] entre gobiernos interesados, la cual tuvo lugar en el mes de octubre del año siguiente, (1884), en Washington, en donde se elegiría un meridiano común a todas las naciones.

De la conexión telegráfica entre la Península y las islas Canarias

El 3 de mayo de 1880, el Ministerio de Gobernación hace pública la Ley por la que se autoriza a contratar por medio de subasta, la construcción y explotación de un cable telegráfico submarino directo entre Cádiz y la

---

8.- A dicha Conferencia general, España fue representada por el director del Instituto geográfico, por el agregado al citado Instituto, (ambos de la Real Academia de Ciencias), y por el director del Observatorio Astronómico de San Fernando. Los países que tuvieron representación, fueron: *Austria, Baviera, Bélgica, Darmstadt, España, Estados Unidos de América, Francia, Hamburgo, Inglaterra, Italia, Noruega, Países Bajos, Prusia, Rumanía, Rusia* y *Suiza*.

isla de Tenerife, uniendo además con ésta la de Gran Canaria, La Palma y Lanzarote, y, en 1884, se publica en la Gaceta de Madrid, núm. 279, el acta[9] firmada en París, el 8 de julio, correspondiente al Convenio, entre España y Francia, para facilitar las relaciones telegráficas[10] entre Francia y la colonia francesa del Senegal por la vía de España, conectando Cádiz, la isla de Tenerife y la localidad de San Louis del Senegal (África atlántica).

En el siguiente croquis. **Imagen 2**, (IGN. Dirección General de Telégrafos. E: 1/1.100.000. Sig.: 44-A-5. *"Carta Telegráfica de España, Islas Baleares y Canarias"*[11]. 1° de enero de 1899 -Copia a mano de la *Carta Telegráfica de Canarias*).

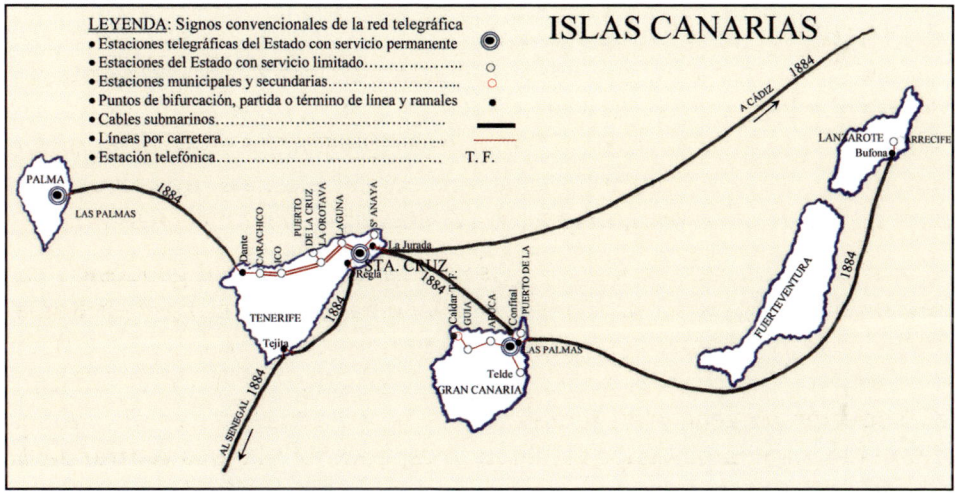

Imagen 2.- *Carta telegráfica de Canarias. Tenerife conectada con Cádiz y con San Louis del Senegal, en* 1884. (Imagen del autor).

9.- El Artículo 1°, dice: "En vista a la transferencia válidamente hecha a la administración francesa de la propiedad del cable de las islas Canarias a San Luis del Senegal, conforme a las clausulas y condiciones del Convenio concluido con la *Compañía Spanish National Telegraph* en 11 de junio de 1883, se entiende que el Gobierno español reconocerá en la Administración francesa el derecho de amarre en las islas Canarias en las condiciones que este derecho se otorgó a los señores [Thadeo] d'Oksza [Orsechouski] y [Rafael] Fernández Neda por R. d. de 10 de abril de 1883, y transferidos por estos a la *Compañía Spanish National Telegraph*, con la aprobación del Gobierno español."

10.- Amparándose en el Art. 17 del Convenio telegráfico internacional, del mes de julio de 1875, firmado en San Petersburgo.

11.- De las Notas del mismo son: Comprende la península Ibérica, las islas Baleares y las islas Canarias. Marco sin graduar. En el ángulo inferior izquierdo se sitúan el título y la fecha de edición. En el ángulo inferior derecho los signos convencionales y la escala numérica. Planimetría con la red de telégrafos de España. Toponimia. Rotulación en letra de palo y romanilla. Datado durante la regencia de María Cristina de Habsburgo (1885-1902). Inserta un mapa de las islas Canarias. N° 0100 del catálogo de Fondos Cartográficos del IGN, publicado en el año 2000. https://www.ign.es/web/catalogo-cartoteca/resources/html/003724.html; (23/3/2022).

En la Revista General de Marina, (Tomo XIV; 1884), se publica un artículo titulado: *"Apuntes sobre el Tendido del cable telegráfico submarino entre Cádiz e islas Canarias"*, firmado por Miguel Goitia y, del apartado *Noticias Varias*, de la misma revista, firmado con las siglas M. S., con el título: *"Noticias relativas a la exploración hecha para tender el cable submarino entre Cádiz y las Islas Canarias"*[12], en donde se da noticia de dicha exploración. De ambos se trasladan las siguientes referencias: "Destinada en octubre último la fragata *Concepción* a auxiliar los trabajos del tendido del cable telegráfico entre Cádiz y el Archipiélago canario, gracias a la amabilidad y galantería del ingeniero jefe de la expedición *Mr. Robert Gray*, que espontáneamente nos ofreció fuéramos a bordo de uno de los vapores del cable, a efectuar el sondeo entre las islas Tenerife y Gran Canaria." A bordo, además de conocer a los jefes de las secciones: hidrográfica y del gabinete eléctrico, también fueron atendidos por el *jefe de telégrafos y representante del Gobierno español*, que desde el principio de la construcción del cable formaba parte de la comisión.

El Gobierno español hizo la concesión, durante diez años, de un cable telegráfico submarino entre las islas Canarias y de Cádiz a Santa Cruz de Tenerife, subvencionado el tendido, bien inter-insular, bien oceánico, y por el Gobierno francés haría lo mismo con la prolongación al Senegal, lo que conllevó a que se constituyera una Compañía para su explotación, la cual contrató con *The india-ruber gutta-percha and Telegraph Works Company limited* de Silverstown (Londres), el emplazamiento y construcción de los cables bajo las condiciones técnicas señaladas por los Gobiernos en las respectivas concesiones.

Una vez finalizada la construcción del ramal español, éste es embarcado a bordo de los vapores *Dacia* e *Intercontinental*, los cuales partieron de Londres el 18 de septiembre y de Cádiz el 4 de octubre para efectuar los estudios preliminares.

La primera tarea de dichos buques fue la exploración del camino que debía seguir el cable entre Cádiz, como punto de partida, hasta las islas Canarias. El programa general consistía en que el vapor *Internacional*, después de dejar en Cádiz el extremo del cable se dirigiera a Tenerife, haciendo una derrota de zig-zag, oscilando en una faja de 20 millas de ancho, 10 millas a cada lado del camino directo, y haciendo 120 sondas durante la travesía. El vapor *Dacia* debía seguir una derrota también en zig-zag con oscilaciones

---

12.- Este artículo, como se indica en su nota a pie de página, es un extracto de una comunicación que se dirigió a la revista "*Times*".

mucho más anchas. Se dispuso que ambos buques hicieran cuantas observaciones fueran posible[13], sin perjudicar el objeto principal de la empresa.

La secuencia en los trabajos de sondeo del *Dacia*, fueron descritos en los siguientes términos: Había partido de Cádiz en la tarde del 4 de octubre; los dos días siguientes se invirtieron en sondear la parte de menor fondo en la entrada O. del Estrecho de Gibraltar. Desde uno de los puntos de sondeo, el *Dacia* se dirigió a las islas Salvajes.[14] Se hicieron sondas entre la isla *Gran Salvaje* y las islas *Pitón*, separadas por unas 12 millas. En la tarde del 23 de octubre, puso rumbo a la Gran Canaria donde fondeó al siguiente día 24. El 6 de noviembre una vez finalizados los trabajos, no se continuó con el tendido hasta el día 10, comenzando en *Santa Cruz de Palma* hasta *Garachico*, (Tenerife). El día 27 se hizo el amarre del cable oceánico en *Santa Cruz de Tenerife*, y el 7 del siguiente mes de diciembre, *Cádiz* quedó unido al archipiélago. Posteriormente se unieron *Santa Cruz de Tenerife* con *Las Palmas*, (Gran Canaria), y este último punto con Lanzarote, quedando unido el Archipiélago canario con Cádiz y con Europa. La corbeta *Ceres* fue comisionada para convoyar a los vapores en el tendido inter-insular.

La siguiente carta, **Imagen 3**, (BVD. Dirección de Hidrografía, 1881. E: [ca. 1:635.000]. Museo Naval. *"Catalogación de Carta: 194"*. Inventario: 24 15. Sig. 77-1).

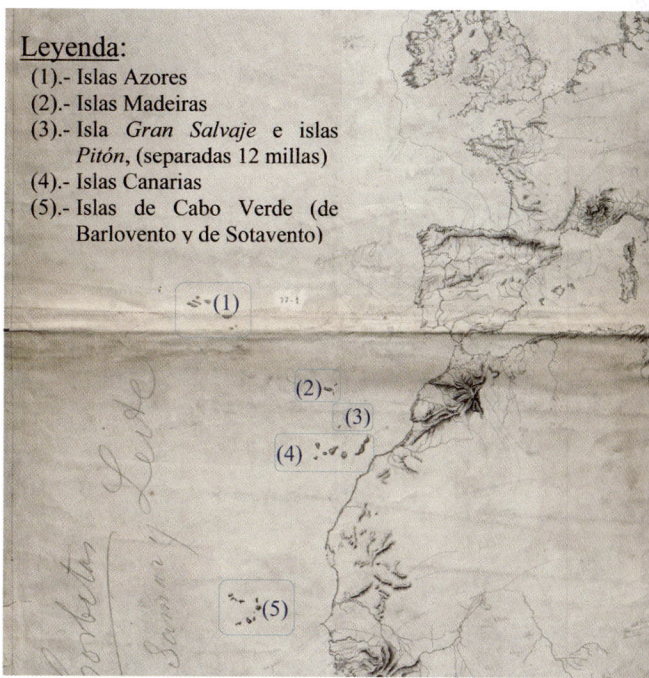

Leyenda:
(1).- Islas Azores
(2).- Islas Madeiras
(3).- Isla *Gran Salvaje* e islas *Pitón*, (separadas 12 millas)
(4).- Islas Canarias
(5).- Islas de Cabo Verde (de Barlovento y de Sotavento)

Imagen 3.- *Islas Azores* (1), *Madeira* (2), *Salvajes* (3), *Canarias* (4) *y Cabo Verde* (5). (Imagen del autor).

13.- El *Dacia* realizó 342[sondas], representando un total de 234.766[brazas] de alambre y un fondo medio de 687[brazas], y además 32[sondas] para reconocer la temperatura y recoger agua a distintas profundidades. El *Internacional* hizo 210[sondas], representando 246.376[brazas] de alambre y un fondo medio de 1.173[brazas]. (Nota: 590.000[brazas] inglesas equivalen a 582[millas]).

14.- Archipiélago formado por tres islas principales, (*Salvaje Grande*, Salvaje pequeña o *Pitón grande* y *Pitón pequeña*), y varios islotes, situadas a 165[km] de las islas Canarias y 280[km] de las Madeiras. https://es.wikipedia.org/wiki/Islas_Salvajes (07.04.2022).

De la nueva tentativa de ampliación del tendido de cable submarino

Realizar una nueva tentativa de ampliación de tendido de cable telegráfico submarino, estaba relacionada con nuevas conexiones internacionales, prolongando el tendido que ya existía. Referencias a tal ampliación se publican en el apartado *"Nuevo Cable al África"*, del periódico, *La Época* (*Madrid* 1868), (N° 11.958; 1885), del mismo son las siguientes referencias: "El 10 del corriente zarpó de Londres el vapor *Silverstown* [de la ya referida compañía], conduciendo 1.350^{millas} de cable submarino. Este cable tiene por objeto unir las islas Cabo Verde con varios puntos de la costa occidental de África y unir estos puntos con la red de la compañía «*Spanish National Submarine Telegraph*», en San Louis de Senegal, duplicando de este modo las comunicaciones telegráficas entre Europa y la costa africana. Este cable constituye la primera sección de la costa occidental de África, que se tiende, según los contratos firmados por la compañía citada y los Gobiernos portugués y francés, y unirá las estaciones que van a establecerse en *Dakar*, [Senegal], *Bolama*, [Guinea Bissau], *Bissan*, [Sic], *Conakry*, [colonia francesa, situada al norte de Sierra Leona]."

Esta nueva tentativa se consideró como una mejora del desarrollo de la conectividad telegráfica dando nueva vida al cable existente de Cádiz a las islas Canarias y, a su vez, aumentaría considerablemente el servicio telegráfico en las líneas españolas.

Del establecimiento de un Centro Meteorológico en España

Mediante R. d. de 11 de agosto, (1887), se propone que el lugar más idóneo para establecer el *Centro Meteorológico*, fuera en Madrid, "por tener comunicación telegráfica múltiple con todas las provincias y equidistar de todas las costas".

Con ello se pretendía seguir la tendencia internacional para organizar la meteorología, es decir, fundar Institutos dedicados, especialmente, a la previsión del tiempo, además de poder contar con la regularidad en las observaciones y la rapidez telegráfica; observaciones diferenciadas de las astronómicas, pero que hasta entonces se encargaban de realizarlas los observatorios astronómicos.

De la actualización de las redes de comunicación telegráficas

En la década de los años veinte, del siglo XX, se habían dado las primeras manifestaciones de los inicios del progreso español, en los aspectos industrial y comercial, influyendo en el aumento de las comunicaciones postales y telegráficas, lo que conllevó la necesidad de acometer una ampliación y mejora en las comunicaciones, en particular, las telegráficas de servicio público.

Tal ampliación requería establecer, por la geografía peninsular, nuevas líneas radiales y transversales, instalar aparatos rápidos modernos que obedeciera a un plan general preestablecido, como idea de servicio de interés general, que permitiese asegurar dichas comunicaciones. Esta breve descripción de la tentativa de llevar a cabo el aludido plan de mejora del tendido telegráfico, corresponde al preámbulo establecido en el R. d. de 28 de abril, (G. M. Nº 120; 1925). Del Artículo 1º, se vierten las siguientes líneas: "se establece la aprobación de dicho plan de mejora de las redes telegráficas, mediante la adquisición de aparatos, instalación de redes neumáticas y reparación del cable de Canarias por la Dirección General de Comunicaciones, [...]".

PARTE II (1881 – 1898):

LOS AEROSTATOS COMO ALTERNATIVA A LA COMUNICACIÓN ÓPTICA. INICIO DEL SERVICIO AEROSTÁTICO

En el suplemento de la Gaceta de Madrid, (N° 88; 1794)[15], se dan a conocer las primeras tentativas para poner en comunicación dos personas, independiente de la distancia que mediara entre ellas "haciendo uso de telescopios acromáticos[16]; propuesta hecha por Salvador Ximenez Coronado, que había estado pensionado en París, por S. M., para el estudio de la Astronomía, y en colaboración con el Real Observatorio, se realizaron las primeras pruebas". Del resultado de las mismas les llevó al convencimiento de que se podrían realizar a *"diferentes distancias y a diferentes horas del día, es decir, al amanecer, al medio día y después de la puesta de sol"*. Dicho sistema, requería que ambos puntos estuvieran en línea recta y sin obstáculos, y al ser el foco emisor el haz de luz acromático, su nitidez quedaba afectada por las condiciones atmosféricas y aerológicas.

Respecto a las primeras tentativas de poner en contacto el aerostato con la *envolvente gaseosa* y realizar diversas medidas encaminadas al estudio de la meteorología, del autor ya referido, (1887), son las siguientes referencias: "Todo el partido que se podía sacar de las ascensiones aerostáticas para el estudio y conocimiento de los fenómenos atmosféricos, empleándolos ya con este objeto en 1804, *Robertson, Biot* y *Gay-Lussac* en sus viajes aéreos a grandes alturas, y si bien no volvió a repetirse ninguna experiencia del mismo género hasta los años 1850 y 1852, son, en cambio, muy numerosas las realizadas desde entonces, entre las cuales merecen mención especial las de *Barral* y *Bixio, Fontvielle, Tissandier* y *Flammarion*, y sobre todo, las veinticinco que verificó en 1862 *Mr. Glaisher*, director del observatorio meteorológico de Greenwich. Las observaciones y los datos recogidos en estas notables exploraciones aéreas, de indudable importancia para los progresos de las ciencias físicas, se extendieron a: *estudiar el estado higrométrico* y *la variación*

15.- Referencia publicada en: "*Historia de la telegrafía óptica en España*". (Olivé Roig; 1990).

16.- No descompone la luz que pasa por sus cristales.

de los elementos constitutivos del aire; el descenso y variaciones de temperatura; la electricidad atmosférica; la formación de las nubes y de las tempestades; la diversidad de corrientes, según la altura; y *las leyes a que obedecen*, y en fin, *todos aquellos fenómenos meteorológicos*, cuya explicación no es completamente satisfactoria, así como al descubrimiento de otros, todavía ignorados, pudiendo asegurarse que, aun desdeñados y con todas sus imperfecciones, los globos aerostáticos habían conquistado ya un puesto señalado y pueden desempeñar un papel importante, como instrumentos de investigación en la ciencia contemporánea."

En América del norte, su uso como atalaya a gran altura, se inició en la guerra de Secesión americana, (1860-64), y de forma progresiva se fue adoptando el material más conveniente, para transportarlo en carruajes especiales, junto con las materias necesarias para la obtención del gas hidrógeno, al lugar de inflado para iniciar, posteriormente, la elevación del globo, en donde se realizarían las observaciones desde la atalaya, o barquilla, a gran altura. En 1892 crearon el Parque aerostático; y para tomar parte en la guerra de Cuba de 1898, organizaron en Tampa (Florida. EE. UU.), dos Secciones de aerosteros, lo que les permitió reconocer la plaza de Santiago de Cuba y la distribución de los barcos españoles en el puerto. Finalizada ésta, los aerosteros americanos adquirieron el globo cometa. (Rojas, Fco. de Paula; 1906).

Del «Arte[17] aerostático» corporativo en Alemania

En la Alemania de 1881, se fundó la Sociedad para el progreso aeronáutico, bajo los auspicios del Emperador, teniendo el doble carácter, militar y científico. Al ser la Aerostación un *invento* que eliminaba fronteras, el capitán de artillería del ejército alemán, H. W. Moedebeck, autor del libro de Aerostación titulado: *"Taschenbuch für Flugtechniker und Luftschiffer"*, (*"Manual teórico y práctico de Aerostación"*)[18], publicado en Berlín, (1895), como manual básico para aeronautas.

Como manual, presentaba una recopilación de: *datos, experiencias prácticas y noticias interesantes*, que se conocían hasta esa fecha, del naciente y difícil empleo del «Arte aerostático» corporativo, referencias que constituían un "crisol" en el desarrollo que iba teniendo la aerostación. Unos de los datos publicados fueron los *pesos y medidas* del *Imperio alemán* con sus equivalentes de: *Austria, Francia, Italia, España, Portugal, Bélgica, Holanda, Luxemburgo,*

17.- "Colección de reglas para hacer una cosa bien". (Secrét y Coll, José A.; 1889).

18.- Castro Díaz, L. de; (1895).

Suiza, Grecia, Rumanía y *Repúblicas de América del Sur, Rusia, Dinamarca, Suecia y Noruega, Inglaterra* y *Estados Unidos de América del Norte*. También se hacía mención particular: al *oxígeno comprimido*, para respirar en las ascensiones a gran altitud, y al *hidrógeno comprimido,* para la inflación de los globos en el lugar de la elevación, ambos almacenados en recipientes especiales. Contaba con un capítulo específico de *vocabulario*, en alemán, inglés y francés, de los términos técnicos más comunes y admitidos en la "tecnología científico-aerostática".

Como libro de bolsillo, fue considerado como un manual práctico de referencia para aeronautas del referido «Arte».

Las Sociedades aerosteras, síntesis del «Arte aerostático»

En la revista Memorial de Ingenieros[19] con el título: *"El Real Aero-Club de España"*, se publica unas reseñas históricas de los inicios de las Sociedades aerosteras civiles en el extranjero, anteriores a que se constituyera la sociedad *Real Aeroclub de España*, (RAeCE), del que se vierten las siguientes referencias: "En Alemania se ha fundado hace pocos años una federación de sociedades aeronáuticas bajo el título: *Deutscher Luftschiffer Verband*[20] de la cual forman parte *Berliner Verein für Luftschiffahrt* fundada en 1881, en Berlín; la *Münchener Verein für Luftschiffahrt,* fundada en Múnich en 1889; la *Oberrheinischer Verein & &*, Constituida en Strasburg, (Estrasburgo), en 1896; la *Augburger Verein &. &*, en Augsburgo desde 1901; la fundada en Barmen en 1902 con el título *Niederrheinischer Verein &. &*; la *Posoner Verein &. &*, en Posen, desde 1903; y la *Ostdeutscher Verein &. &*, en Graudenz, inaugurada en 1904." La federación y las siete sociedades referidas, se hallaban íntimamente unidas a la aerostación científica y a la aerostación militar.

En Francia, se encontraba el *Aero-Club de Francia*, que era la sociedad de aerostación más conocida por sus interesantes trabajos; la *Sociedad francesa de Navegación aérea* y el *Club Aeronáutica de Francia*, las tres en París, también existían sociedades análogas en Lyon y Burdeos. De las demás naciones de Europa, se cita a: *The Aeronautical Society of Great Britain*, de Londres; la *Wiener Flugtechnscher Verein*, de Viena; la *Sociedad Aeronáutica rusa*, en San Petersburgo; el *Aeroclub belga*, de Bruselas; la *Sociedad Aeronáutica sueca*, de Estockholmo [Sic]; la *Sociedad Aeronáutica suiza*, de Berna; y la *Sociedad Aeronáutica italiana*, de Roma.

19.- Ya citado; Nº V. 1905.

20.- *Asociación alemana de pilotos*, (traducción adaptada por el autor).

Comisión para un sistema alternativo a la telegrafía óptica

Mediante R. d. de 15 de diciembre de 1884 se reorganizan las tropas de Ingenieros, de tal suerte que la 4ª Compañía de Telégrafos se consagraría exclusivamente en la práctica de la telegrafía óptica o de señales, y en tanto no se dispusiera de recursos para crear una sección independiente, se ejercitaría en la construcción e inflado de los globos aerostáticos y en su manejo, libres y cautivos.

Las primeras gestiones de aerostación realizadas por España, datan de ese mismo año, (1884), en donde se adquirió de la casa Godard de París, un tren de campaña, sistema Yon, y un globo de señales, (con una dinamo, cable de retención y torno). El material se recepcionó en 1888, y para adquirir práctica en su manejo y ejecutar alguna ascensión libre, se nombró personal del batallón de Telégrafos[21], pero no fue hasta el mes de julio, (1889), cuando se iniciaron las prácticas aerosteras con una primera ascensión libre en la Casa de Campo de Madrid, por Licer López de la Torre, y Pérez de los Cobos, jefe y oficial respectivamente, del referido batallón.

En 1900, el referido batallón de Telégrafos, propuso realizar el estudio para establecer una *red telegráfica óptica* que cubriera el territorio peninsular, y *líneas de comunicación óptica*, necesarias para la vigilancia de costa e islas adyacentes, (integradas en la red), formando en su conjunto lo que se denominó "*Red Óptica de España*".[22]

Comisión para estudiar el uso de cilindros con hidrógeno comprimido en el nuevo sistema de comunicaciones con aerostatos

El sistema para transportar gas comprimido en cilindros fue iniciado por aerosteros ingleses[23] en 1883, lo adoptó Italia en 1887, Alemania en 1890 y Francia en 1891. Al objeto de estudiar la evolución de la fabricación del hidrógeno y su transporte en cilindros especiales, de forma más segura y práctica, y la conveniencia para establecer una organización de aeróstatos independiente, debió ser motivo en retomar el planteamiento para establecer el nuevo Servicio de aerostación, nombrándose una Comisión de oficiales del batallón de Telégrafos[24], a *Inglaterra, Francia, Alemania e Italia*.

21.- López de Torre Ayllón y Sánchez Tirado, Jefe y Oficial del Batallón, respectivamente.

22.- En 1902, se inician los trabajos de campo para constituir, organizar y desarrollar la red óptica. (Lozano, Fco.; 1908).

23.- El Comité de Ingenieros inglés adoptó el nuevo sistema de transporte y almacenamiento de gas hidrógeno necesario en campaña, comprimiéndole a altas presiones en recipientes cilíndricos de acero.

24.- Compuesta por el Tte. Coronel Suárez de la Vega y el Capitán Rojas.

Una vez concluida, se presentó una memoria de la misma, la cual sirvió de base para el planteamiento del nuevo Servicio de aerostación que se iba a organizar.

De los inicios de la organización del Servicio del «Arte aerostático»

Dentro de la reorganización que requería la actualización de medios para la defensa de costas, dio lugar a que se publicara el R. d. de 13 de julio de 1895, aprobando el nuevo Reglamento de régimen interior del Ministerio de Marina, en donde se contemplaba contar con *Aerostación Marítima* para la defensa de las aludidas costas.

Para seguir dando continuidad a la reorganización del Servicio de aerostación[25], ya referida, se estableció la conveniencia temporal y con carácter interino, según la Ley de presupuestos de 24 de agosto, (1896), que se separase del batallón de Telégrafos[26] el Servicio aerostático y se organizara en Guadalajara, formando unidad independiente. Y por R. o. de diciembre, (1896), se daban las bases para su organización con la conveniencia de establecer una Escuela práctica, en donde realizar la enseñanza del novedoso «Arte».

En el mes de enero, (1897), se comisionó al comandante de Ingenieros *D. Pedro Vives y Vich*, veinte días a Madrid, con personal de la compañía de aerostación para estudiar la organización y hacerse cargo del material aplicable para ese Servicio, depositado en el batallón de Telégrafos, que una vez examinado y conocido debería ser transportado a Guadalajara. Y, a mediados del mes de mayo, (1897), antes de empezar a constituir el referido Servicio, motivó comisionar a *París*, un mes al referido comandante. Y estando en París, se confirmó que se prolongaba quince días más la Comisión a: *Leipzig, Hannover, Amberes* y *Amsterdam*, para que estudiara la organización, medios y campo de experiencias y adquiriera conocimiento práctico, en cuanto se refiriese a la Aerostación como elemento auxiliar de los Ejércitos en campaña, para poner en estado de servicio el tren aerostático Yon[27] y utilizar los

---

25.- La necesidad para que, el referido Servicio de Telegrafía, llevara a cabo su reorganización e instrucción obligó, en los años sucesivos, a dejar en un segundo plano las maniobras aerostáticas, reduciéndose éstas al mantenimiento del material y al manejo del globo de señales, recargado con hidrógeno, con el que se realizaron experiencias de telegrafía óptica con lámparas eléctricas.

26.- El batallón de Telégrafos hizo entrega del material de aerostación junto con los Servicio complementarios, (telegrafía alada, meteorología y fotografía aérea), al Parque aerostático.

27.- El Tren aerostático, también conocido como *Parque móvil*, estaba compuesto por: carro *torno de vapor* para la maniobra del cable de sujeción de anclaje del globo; carro para *material aerostático* y carro *generador de hidrógeno*, de producción "rápida" y "continua"; además contaba con la "fuerza motriz" requerida para el desplazamiento del conjunto.

terrenos inmediatos al río Henares, [el agua era un elemento imprescindible en la obtención del hidrógeno], para las prácticas de aerostación. A esta comisión se incorporaría el agregado militar en la embajada de París, Comandante de Ingenieros *D. Francisco Echagüe y Santoyo*[28].

El objeto de la referida comisión a París, (1897), era perfeccionar los conocimientos adquiridos, en todo lo referente a la fabricación y empleo del material aerostático y hacer el mayor número posible de ascensiones en globo cautivo. Por las circunstancias y la posibilidad de realizar alguna ascensión libre, Pedro Vives consideró que podría ser de gran utilidad para el Servicio, verificar algún viaje en globo.

• **De la primera Comisión del nuevo Servicio de aerostación al extranjero y las primeras ascensiones libres realizadas en París**

Ya en París, las condiciones convenientes para hacer ascensiones cautivas no eran las idóneas, y al haber recibido la oferta, del experto aeronauta *Mr. Godard*, con toda clase de facilidades para hacer las prácticas, en la gran instalación del globo cautivo de 3.200 ^{m3}, dirigidas por él y por *Mr. Surcouf*; en la exposición de *Leipzig*, se desplazó a dicho lugar para realizar un gran número de ascensiones cautivas y estudiar todos los detalles de la interesante instalación que podía servir de modelo.

De regreso a París, se detuvo en Hannover para ver la fabricación de los globos de algodón o de seda, con capa de caucho en la fábrica *Continental Cautchouc & Guttapercha* C$^{ie.}$, y en Amberes para visitar el interesantísimo *Parque aerostático*, con que contaba la ciudad.

Las ascensiones libres era conveniente efectuarlas en París, en donde *Mr. Godard* se había ofrecido a dirigirlas y facilitar el material; se contaba con la participación de *Cte. Echagüe*, ya referido, que había manifestado el deseo de compartir baquilla en las ascensiones que se realizaran en París.

Como primera ascensión libre, se convino, con el *Mr. Godard*, que el *Cte. Echagüe* se encargara de la fotografía y el *Cte. Vives*, se ocupara de forma exclusiva de las maniobras aerostáticas, dirigidas por Mr. Godard, acordando

28.- En el AHEA, hay un copia a mano, (sin destinatario y con la anotación "y que se devuelve"), del fragmento de la carta escrita en francés, que el comandante D. Fco. Echagüe y Santoyo, agregado militar en la embajada de París, envió desde Leipzig, el 26 de abril de 1897, con el encabezado siguiente: "*Fessel ballon auf der Sächsisch Thüringische Industrie und ¿geuverbe? Ausstellung (¿construit? von Godard & Surcouf)*". [Traducción libre: "Globo cautivo en la industria sajona de Turingia y Exposición pública (construido por Godard & Surcouf)"].

no llevar más aparatos que un barómetro de bolsillo y los de fotografía y no dedicar la atención a otro estudio que distrajera de las maniobras aerostáticas propiamente dichas, es decir, los estudios referidos al reconocimiento topográfico y a la meteorología, ya que se podían realizar en cualquier otro momento y lugar, según expresó el novel aeronauta.

- De los preparativos del globo para la ascensión

De la descripción pormenorizada que hace el comandante Vives de los preparativos realizados para iniciar la ascensión, se trasladan las siguientes líneas:

Antes del viaje a *Leipzig*, hubo la tentativa de hacer la ascensión libre el 18 de junio, pero al amanecer con evidentes señales de mal tiempo, ésta se aplazó hasta después de regresar de Alemania. El 7 de julio, de vuelta en París, se preparó el material necesario en los talleres de Mr. Godard para el día siguiente. El globo tenía un volumen de $1.050\,m^3$, la envoltura era de seda de China, equipado con su red, válvula de alivio, (de madera y sellada para evitar fugas de gas), y banda de goma, círculo de suspensión, barquilla, ancla con su cuerda, (para frenar el globo, a la hora de rendir viaje cuando el viento fuera de cierta intensidad), *guide-rope*, (cuerda de 80^{mts} de longitud, utilizada para ir controlando la distancia al suelo, una vez iniciada la maniobra de rendir viaje), &, &; reconociéndose de forma minuciosa todos los elementos.

El día 9, el material se llevó a la fábrica de gas de la Villette, situada al N. E. de París, y a las tres de la tarde, convenientemente aparcado el globo en la forma conocida por *aparcamiento en ballena*, (globo desinflado y desplegado sobre una tela que lo aislaba del suelo), comenzó la inflación, que se llevó con mucha menos velocidad de la que hubiera permitido el grueso tubo de toma de gas, para que Mr. Godard pudiera dar, al novel aeronauta, cuantas observaciones prácticas se le ocurrieran acerca de las operaciones que se iban haciendo, y para que muchas de ellas las realizara el novel.

Poco antes de las cinco estaba terminada la inflación, y colocada la barquilla con todos sus enseres; montados en ella los tres aeronautas, se separaron los sacos de lastre de maniobra que la sujetaban al suelo, quedando retenida solamente por las personas que ayudaban a la maniobra. Se tanteó la fuerza ascensional, haciendo que levantaran las manos del borde de la barquilla quienes la sujetaban, en disposición de volverla a coger en cuanto ésta iniciara la tentativa de ascenso; con esta maniobra se conseguía graduar el lastre necesario hasta logar que el globo se mantuviera en equilibrio.

Antes de soltar el globo, se le desplazó paralelamente a su vertical, sujetándolo por el borde de la barquilla, el personal antes referido, hasta el sitio más alejado de los depósitos de gas, en dirección del viento reinante, para evitar que en el momento de la ascensión se pudiera chocar con alguno de los depósitos.

El peso que llevaba a la salida era de 725^{kg}, cuyo desglose era: globo propiamente dicho (215^{kg}); embalaje para recoger después del descenso, (10^{kg}); círculo de suspensión, (12^{kg}); cuerda y *guide-rope*, (33^{kg}); ancla, (22^{kg}); red, (42^{kg}); barquilla, (43^{kg}); aparatos, botellas de cerveza, &, (13^{kg}); tres aeronautas, (230^{kg}); cuatro sacos y medio de lastre a 20^{kg}, (90^{kg}), y 15^{kg} de fuerza ascensional, (gas), por lo que la fuerza ascensional para iniciar la ascensión resultaba ser de 0'690$^{kgrs-fuerza}$ por metro cúbico.

- De la primera ascensión libre

Durante la operación de inflado, en el cielo se presentaron grandes masas de nubes en todos los puntos del horizonte, el barómetro seguía alto y el viento que soplaba del E y N-E era muy débil y en ciertos momentos escaseaba, dando la sensación de que amenazaba tempestad.

De él se trasladan las siguientes líneas: Al estar el globo lleno de gas y no poderlo mantener en dicha situación mucho tiempo, dentro de la fábrica, se resolvió realizar el ascenso. En esta situación se soltaron 15^{kgs} de lastre, y el globo subió rápida y majestuosamente, casi en línea vertical, a las cinco de la tarde. Con la fuerza ascensional que tenía, alcanzó una altura de 950^{mts}, desde el primer momento, y quedó casi inmóvil, pues el viento era tan ligero que apenas se notaba desplazamiento alguno.

A los diez minutos había recorrido 700^{mts} sobre el suelo. Rodeado de nubes, se inició el descenso, por efecto de la humedad que reinaba en la atmósfera, se echó algo de lastre para compensar el descenso; el viento empujaba hacia el espacio en donde los nubarrones eran más densos, siguió el descenso y, a las 17^h 40^m, se encontraba a 400^{mts}.

El calor de las capas inferiores de la atmósfera, dilató el gas, secó la humedad que el globo había cogido, al atravesar las nubes, adquiriendo nueva fuerza ascensional remontando el globo a 1.150^{mts}, penetrando en una espesa nube que ocultó las referencias al suelo. Se inició el descenso dejando escapar, por la válvula de alivio, algo de gas, porque el globo había cogido mucha humedad y en diez minutos se descendió a 300^{mts}, quedando fuera del contorno de la ciudad de París. Una vez fuera de nubes, en una atmósfera caldeada y seca, adquirió nueva fuerza ascensional, remontando el globo a 1.100^{mts}, en trece minutos.

La descripción gráfica de la primera ascensión, **Imagen 4**, (BVD. Fig. 2, *"Diagrama vertical de la primer a ascensión. Julio-9-1897"*).

Todavía quedaba una hora de sol y otra de crepúsculo, y por un cambio brusco del viento que los llevaba de nuevo hacia las nube que acaban de dejar, se decidió rendir viaje, abriendo la válvula de alivio de gas, a las 18^{h}15^m, soltando la *guide-rope* a las 18^{h}18^m y,

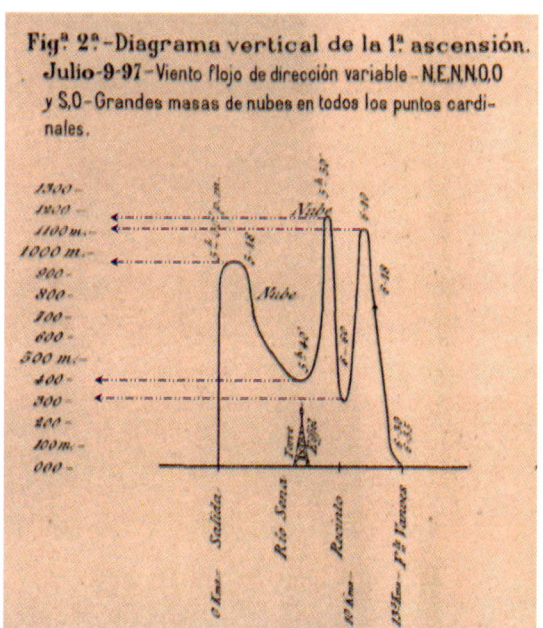

Imagen 4.- *Diagrama vertical de la ascensión libre del 9 de julio de 1897. (Imagen del autor).*

a las 18^{h}30^m, la *guide-rope*, empezó a tocar en el suelo. Con ayuda de la gente que se encontraba en tierra, que agarró la *guide-rope* para sujetar el globo, se consiguió rendir viaje. El globo inflado se condujo, asido por los bordes de la barquilla, al lugar de la desinflación. Elegido el lugar, se abrió la válvula de alivio de gas, y los aerosteros, una vez fuera de la barquilla, realizaron las operaciones de desinflación y empaque del globo.

Después del aprendizaje práctico de las maniobras, sobre todo las de rendir viaje, que es la más difícil y peligrosa para un aeronauta novel, se consideró la necesidad de realizar una segunda ascensión; ésta se proyectó para el próximo día quince.

- De los preparativos para la segunda ascensión libre

La mañana del 15 de julio se presentó con tiempo inseguro, por lo que se aplazaron los preparativos hasta después del medio día; el tiempo se quedó estabilizado, y al estar previsto que hubiese luna durante toda la noche, se decidió hacer una ascensión nocturna hasta después del amanecer.

En esta ocasión, el globo utilizado tenía un volumen de 800^{m3}. Transportado el material a la Villette, se realizó la inflación, como la vez anterior, y a las doce de la noche el globo estaba completamente lleno de gas. Al ponerlo en equilibrio para tantear el lastre, se comprobó que no podía llevar más de 40^{kgs}, y como el plan previsto era permanecer muchas horas en el aire, Mr. Godard, dio a conocer que con tan poco lastre no podía responder de estar en el aire hasta después de amanecer.

Hubo la intención de llevar en la barquilla luz eléctrica, (las que se utilizaban pesaban más de 25^{kgs}), y, por la fuerza ascensional que contaban el globo, se tendría que dejar casi todo el lastre en el suelo, cosa que hubiera sido una imprudencia.

En el momento de la ascensión el globo elevó 564^{kgs}, cuyo desglose era el siguiente: globo y accesorios, (252^{kgs}), tres aeronautas, (250^{kgs}), aparatos, botellas y comestibles, (10^{kgs}), lastre, dos sacos a 20^{kgs}, (40^{kgs}), tabla para servir de manguillo, (5^{kgs}), y la fuerza viva, (gas), valuada para el momento del ascenso, (7^{kgs}). Por lo que la fuerza ascensional estimada era de 0'7$^{kgrs-fuerza}$ por metro cúbico.

- De la segunda ascensión libre

En el siguiente croquis, **Imagen 5**, (Ídem. Fig. 3, "*Diagrama vertical de la segunda ascensión*. Julio-16-1897").

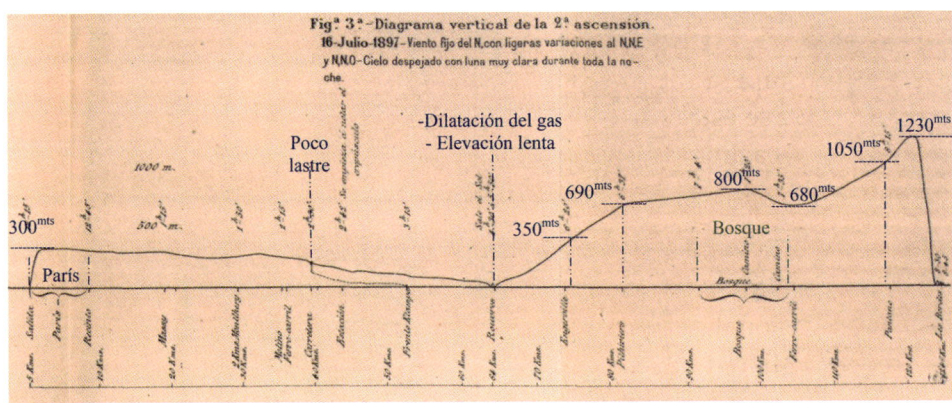

Imagen 5.- *Diagrama vertical de la ascensión libre del* 16 *de julio de* 1897.
(Imagen del autor).

A las 00^{h}15^m de la noche con los tres aeronautas a bordo de la cesta, el experto aeronauta, dio la voz de soltar la barquilla, iniciándose la elevación, con cielo despejado, pero cargado de humedad que aparecían los horizontes llenos de bruma, con una luna tan clara que permitía la lectura aproximada del barómetro aneroide que se llevaba, gracias a unas marcas que se hicieron con tinta, como referencia para la lectura.

Una vez que el globo en libertad, se elevó con mayor lentitud que la vez anterior, hasta 300^{mts}, permitiendo reconocer el terreno como si se estuviera leyendo en un mapa, las vías de comunicación, los núcleos poblados, instalaciones, bosques, etc.

De la descripción, representada según el dibujo, son las siguientes líneas: Transcurrida la primera hora de viaje, se había gastado lastre para neutralizar la tendencia de descenso del globo, hasta que quedó en equilibrio, por haber llegado al máximo de la posible sobrecarga producida por la humedad, con lo que parecía posible prolongar el viaje.

A las 02^{h}30^m, el lastre que quedaba era poco y no era prudente quedarse sin él para el descenso, se decidió soltar la *guide-rope*, que hace la función de lastre una vez que toca el suelo, pero con la idea de prolongar el viaje, al ser un país perfectamente llano y despejado de obstáculos que dificultaran la navegación.

Poco después, mientras navegaban por el Océano del aire, empezaron a notar la luz de crepúsculo, y a medida que se aproximaba la hora de salir el sol, el globo iba aumentando visiblemente en fuerza ascensional, apreciada ésta al dejar de arrastrar la guide-rope por el suelo, sabiendo que a la salida del sol, la temperatura es más fría, por lo que el aumento de fuerza ascensional que se estaba experimentado, era porque se estaba cruzando una región más seca, una vez que se acababa de dejar atrás, a las espaldas, la humedad del bosque y haber desaparecido la neblina que cubría el horizonte.

Se barruntó el posible caso de que una vez se hubiera secado la humedad de la noche y dilatado el gas, por efecto del calor, hubiera adquirido una fuerza ascensional considerable, y por disponer de poco lastre, en el caso de que se hubieran elevado a grandes alturas, habría representado una situación peligrosa para los aeronautas, a la hora de tener que realizar un descenso rápido y no disponer del lastre necesario para amortiguar la velocidad de caída.

Ante esta posible situación, el experto aeronauta Mr. Godard, al contar con los efectos de la naturaleza sobre el globo que produce la salida del sol, dio la solución de rendir viaje, sin abrir la válvula, y efectuarlo antes de que saliera el sol, para evitar la pérdida de gas, permanecer en tierra el tiempo suficiente para que se secara el globo y se dilatara algo más el gas con los rayos de sol, provisionarse de nuevo lastre y hacer una ascensión en condiciones normales. Durante la maniobra de descenso, al ir aumentando la presión externa al globo, el comportamiento del aerostato no estaría exento de inconvenientes, al contrarrestar la fuerza ascensional manteniendo el globo indeformable al no abrir la válvula de alivio de gas.

La iniciativa del experto aeronauta fue realizar una maniobra controlada que contrarrestase la fuerza ascensional, provocó movimientos oscilatorios durante el descenso, contribuyendo los dos noveles desplazándose coordinadamente sobre la barquilla. A las 04^h15^m se pudo contar con la ayuda de la gente de los caseríos que salían a faenar las tierras las cuales asieron con fuerza la guide-rope, para convertir el globo en cautivo. Una vez atado en lugar fijo, en el suelo, se fue recogiendo la cuerda hasta rendir viaje, no sin dificultad, por las reacciones que presentaba el aerostato a la indeformabilidad de la envolvente.

Después de conseguir la estabilidad, se colocó en la barquilla piedras y terruños hasta compensar la fuerza ascensional y el peso de los aeronautas para que estos pudieran salir de la barquilla. Uno de ellos se quedó junto al aerostato, por dos razones importantes; una, vigilar que nadie fumara en sus inmediaciones y, la segunda, estar al tanto de que lo que ocurriera en las inmediaciones del globo, ya que a las 04^h30^m, era cuando el sol estaba en el horizonte y la dilatación del gas cada vez era más evidente.

Una vez que los aeronautas repusieron fuerzas, se soltaron las amarras del globo para ensayar su equilibrio y poder calcular el lastre necesario; a las 05^h50^m se elevó el globo lentamente con la guide-rope extendida, referente para comprobar la ascensión hasta haber superado los 80^{mts}. A las 06^h20^m, se habían alcanzado los 350^{mts}, a las 06^h37^m, se encontraban a 690^{mts} de altura y a las 07^h habían alcanzado los 760^{mts} de altura, con ligera tendencia a remontar, con la sensación de que el globo no se movía y la atmósfera estaba tranquila, tranquilidad que aumentó a medida que cruzaban la extensa zona boscosa de Orleans. El novel aerostero, explicaba tal situación por el efecto del vapor del agua, desprendido por los lagos y zonas pantanosas que sobrevolaban, al descender desde los 800^{mts} a los 680^{mts}. Una vez fuera de la influencia de la zona boscosa y pantanosa, el globo remontó hasta los 1.050^{mts}, por el doble efecto de la dilatación del gas y la menor humedad acumulada sobre la envolvente, alcanzando los 1.230^{mts} de altura.

Una vez elegido el lugar para terminar el viaje, se inició el descenso abriendo la válvula de alivio de gas, conjuntamente con el lanzamiento de lastre para compensar la aceleración que el aerostato iba adquiriendo en el descenso. Una vez que la *guide-rope* tocó el suelo, momentos después, a las 08^{h}30^m, lo hizo la barquilla. Mr. Godard soltó el ancla para frena el posible arrastre, pero no sujetó, dando lugar a que la barquilla, una vez tocado el suelo, volviera a elevarse, hasta que con ayuda de campesinos, que agarraron la guide-rope, se consiguió sujetarla. Trasladando a un lugar con yerba, el globo se vació de gas a través de la válvula, continuando con todas las demás operaciones hasta dejar el globo y todos sus accesorios, dentro de sus embalajes.

De las sensaciones experimentadas por los noveles aeronautas, en estas ascensiones, fueron unas molestias en los oídos, cuando subían o bajaban muy bruscamente por los cambios de presión exterior, pero no notaron síntomas de vértigo o mareo.

PARTE III (1898 - 1902):

UN LUGAR EN DONDE REALIZAR EXPERIENCIAS CON AEROSTATOS Y UBICAR LA ESCUELA PRÁCTICA DE AEROSTACIÓN

El «Arte aerostático» se establece en Guadalajara

Una vez estudiado y reconocido el material, éste se trasladó a su nuevo emplazamiento en el cuartel de San Carlos[29], en Guadalajara, y afectos al Parque aerostático, e instalado en el mismo cuartel, se ubicaron los Servicios complementarios, como eran: el *Palomar Central*, el *Observatorio Meteorológico* y la *Sección de Fotografía aérea*. En el mes de agosto, (1898), por parte del Servicio de aerostación, se comunica al Ministerio de la Guerra, (en adelante, Ministerio), que se había finalizado la instalación de palomares militares en las islas Canarias, según orden telegráfica de 27 de junio de ese mismo año.

En el siguiente plano, **Imagen 6,** (AHPGu, -Archivo Histórico Provincial Guadalajara-. Rafael Mónico. Topógrafo Auxiliar Mayor de Geografía. "*Plano de Guadalajara*". E: 1/1.000. Hoja nº 4. Guadalajara a 10 de abril de 1918. Ref.: AMGu-138407). El Polígono de Experiencias de Escuela Práctica del Servicio de aerostación, dependiente del Parque, estaba situado en la orilla derecha del río Henares a unos 2.500ᵐ del referido cuartel de Ingenieros, quedando delimitado por los límites de las instalaciones y el río, (según plano).

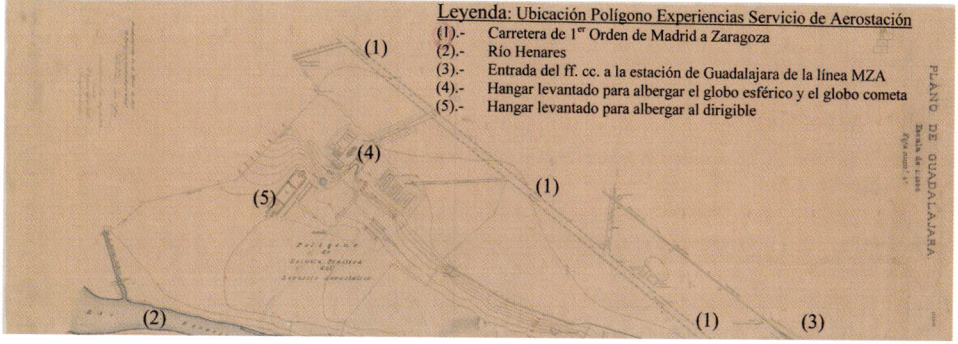

Imagen 6.- *Plano Polígono de Escuela Práctica de aerostación.* (Imagen del autor).

29.- En él se encontraban alojadas: la Compañía; oficinas del Parque aerostático; Almacén de repuestos; Gabinete de ensayos técnicos; Escuela de reparación y Talleres para la construcción de globos.

Sobre el plano se indican las siguientes referencias: según (1), la carretara de 1er orden de Madrid a Zaragoza, desde ella se accedía al Polígono; según (2), río Henares; según (3), entrada a la Estación del f. c. de Guadalajara, de la línea MZA[30]; según (4), Hangar para globos esféricos y globo cometa; y, según (5), Hangar para albergar el dirigible que se recepcionó en Guadalajara en 1910.

En el informe presentado, correspondiente al primer semestre, (1899), comprendía los trabajos realizados durante la primera Escuela Práctica hasta su finalización, en donde se proponía la adquisición del globo conocido como "*Drachen ballon*" o Globo cometa sistema *Parseval-Sigsfeld*, para las observaciones cautivas, cuyo diseño y experimentación se había iniciado en 1892, en el Parque aerostático de Berlín, (el globo fabricado por la Casa *August Riedinger,* poseedora de la patente para construir el globo cometa Sigsfield de 715m³), del que se había demostrado la notable superioridad sobre el globo esférico de 525m³. Siendo una de las particularidades del globo cometa, respecto al globo esférico, en las observaciones cautivas, la necesidad de que hubiera viento, cuanto más mejor, pero hasta cierto límite, porque el globo se aproaba facilitando su elevación y, a su vez, la entrada de aire que mantenía indeformable el globo, cosa que el globo esférico, con viento apenas se elevaba e incluso lo podía tirar al suelo.

• **Del globo cometa adquirido por el Servicio de aerostación**

El 21 de mayo, (1900), se autorizaba la compra del *globo, cilindros de acero,* para almacenar gas hidrógeno comprimido, y *otros efectos* para el Servicio de aerostación, valorado en 154.800pts. Y con la reorganización del Servicio de aerostación, el 26 de junio de 1901, se suprimió el Establecimiento Central de Ingenieros, del que dependía orgánicamente, y el Servicio de aerostación pasó a depender del Ministerio. En octubre, (1901), se dispuso que la compañía de Aerostación se denominara, además, *de Alumbrado en campaña* y tuviera a su cargo ambos servicios.

En el siguiente croquis, **Imagen 7**, (De la Fig. 20; Rojas Rubio, Fco. de Paula. 1906. "*Representa el corte producido en el globo, supuesto lleno y en su posición media de equilibrio en el aire, por el plano vertical de simetría*". -Copia a mano).

30.- Madrid-Zaragoza-Alicante

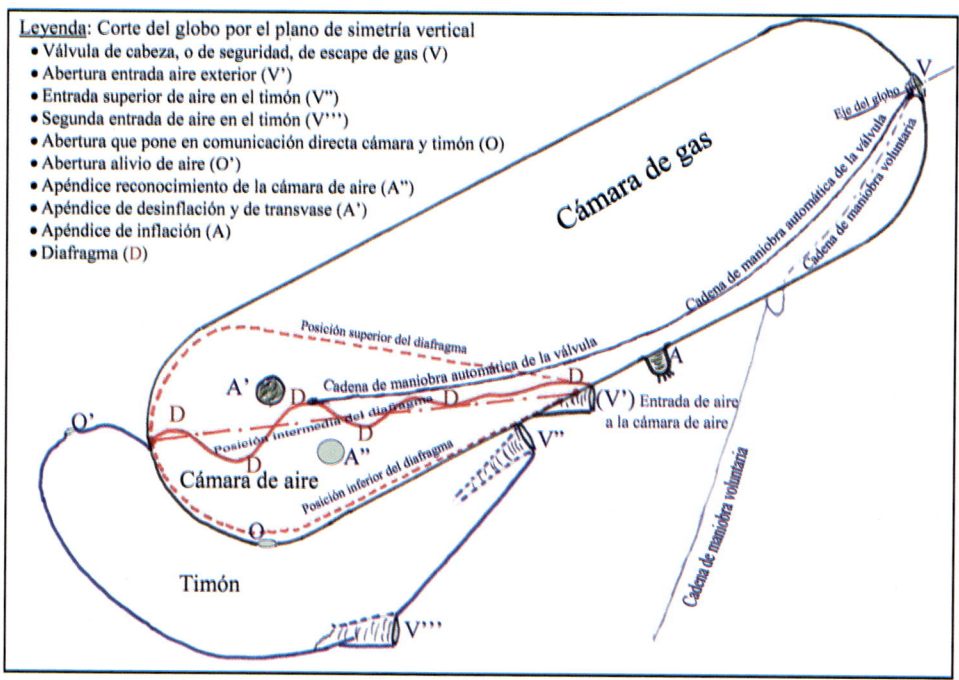

Imagen 6.- *Plano Polígono de Escuela Práctica de aerostación.* (Imagen del autor).

El cuerpo del globo cometa, como queda referido en el croquis, está constituido por una superficie cilíndrica de revolución, con semiesferas de radio igual al del cilindro, en ambas bases, y un *Diafragma.* En el croquis se indica: el *Diafragma* del cuerpo del globo, según (D), que separaba el volumen interior del globo en dos partes, por una tela impermeable al gas; situado en la parte delantera, el de mayor volumen contenía el gas, por su fuerza ascensional. Los bordes del diafragma estaban cosidos al cuerpo del globo, con objeto de que el volumen del cilindro permaneciera constante.

Las *aberturas de la cámara de gas* eran las siguientes: según (V), *Válvula de cabeza, o de seguridad,* de escape de gas; según (A), *Apéndice de inflación;* según (A'), *Apéndice de desinflación y de transvase.* Las *aberturas de la cámara de aire* eran: según (V'), *Abertura entrada aire atmosférico* a la cámara de aire; según (A''), *Apéndice reconocimiento de la cámara de aire;* según (O), *Abertura que pone en comunicación directa cámara y timón.* El *Timón* presentaba las aberturas siguientes: según (V''), *Entrada superior de aire* en el timón; según (V'''), *Segunda entrada de aire;* y, según (O'), *Abertura alivio de aire.*

El aire atmosférico penetraba a la cámara, por las válvulas de entrada de aire, con la función de mantener la presión proporcional a la del viento, actuando sobre el diafragma, empujando el gas hacia adelante para evitar que se produjeran oscilaciones del gas, las cuales podían dar lugar a deformaciones de la envolvente, fenómeno que generarían pérdidas de estabilidad. El diseño de las válvulas, de las aberturas, evitaba el escape del fluido contenido en las cámaras y en el timón del aerostato.

La cámara de aire también se utilizó en los globos esféricos libre, conocida como *ballonet*, con la misma finalidad, pero en esta ocasión, para compensar las oscilaciones verticales del globo y alcanzar su equilibrio en altura; estas oscilaciones estaban asociadas a las oscilaciones de la presión del gas interior, respecto a la presión exterior del globo. La cámara de aire era la única solución encontrada para compensar la pérdida de presión interior del gas y dar rigidez a la envuelta.

Nueva comisión para ir consolidando el «Arte aerostático»

Esta segunda comisión, se inició en *Berna*, (Suiza), al objeto de estudiar el globo cometa y visitar las instalaciones de la Compañía de aerostación del ejército suizo, relacionadas con la aerostación militar. El jefe del departamento de guerra suizo, *Mr. Kuffy*, comentó que "los oficiales suizos estaban de acuerdo de que el globo cometa era superior al esférico, y que el mantenimiento de las instalaciones, no era caro; lo caro era su construcción. El hangar que contuviera el globo cometa debía de ser espacioso y los trabajos previos para su construcción tardaban más de un año en finalizar."

En *Augsburgo* (Alemania), visita a la fábrica del gas, en donde se realizaron las operaciones de inflado del globo cometa, con trasvase de gas a otro globo y reconocimiento interior del cometa lleno de aire; también se preparó un globo sonda de papel en los talleres *Riedinger*, ("*August Riedinger Ballonfabril Augsburg GmbH*[31]"), dirigida por el director del Servicio meteorológico de Francia, Mr. Teisserenc de Bort. Finalizadas las pruebas, se recepcionó el globo cometa y el material adquirido a la casa.

Visita a las instalaciones de la casa *Zeppelin*, en las inmediaciones de la localidad de *Friedrichshafen*, Alemania meridional, aledaña al lago *Bodensée*, (o lago *Constanza*). Viaje a Strasburg; de allí se continuó viaje a la localidad de *Saarbrücken*, próximo a la de *Bous* (dentro de la región del Sarre, Prusia), visita al establecimiento *Mannermann*, para ver los procedimientos de fabri-

---

31.- *Gesellschaft mit beschränkter Haftung*, (*GmbH*): Sociedad de responsabilidad limitada. https://es.wikipedia.org/wiki/Gesellschaft_mit_beschr%C3%A4nkter_Haftung; (10.10.2021).

cación de los cilindros, en donde también se presenció la prueba de aplastamiento de los cilindros de acero especial adquiridos.

El mapa siguiente, **Imagen 8**, (BVD. Representación geográfica extraída de la publicación: *"Imperio Alemán, Bélgica y Holanda"*. E: 1/3.700.000. Madrid 1878. Meridiano de origen: Madrid. Autor del dibujo: Morales, J. P.), de forma aproximada se indican las ubicaciones de las localidades que fueron visitadas en el extranjero por la comisión del Servicio de aerostación de Guadalajara.

Imagen 8.- *Primeras Comisiones al extranjero realizada por el Servicio de aerosta-ción*. En Francia la casa *Brunnon & Vallete*, en *Rive de Gier*, proporionaba cilindros de acero especial para gas hidrógeno, (Imagen del autor).

• **Pruebas que se realizaban en los cilindros para su recepción**

Las pruebas que se realizaban para comprobar la "bondad" de los recipientes eran: la de *explosión* por aplastamiento, (elección, al azar, de cilindros a someter a rotura superior a 450^{atm}); *Medida de espesor* (de las paredes del recipiente); *Comprobación* de: peso, capacidad y dimensiones, (de todos los cilindro); *Prueba de elasticidad* del metal (mediante presión hidráulica a más de 300^{atm}). Además los cilindros aceptados, se les identificaba por: un *código* y un *n° de orden*; el *peso* en Kg. y la *capacidad* en litros.

• **De la Comisión a Francia en 1900**

Desde *Saarbrücken* se trasladan a *París*, en donde estaba teniendo lugar la Muestra, o Exposición, Universal de 1900, y en la Sección X del apartado *Concursos Internacionales de Ejercicios Físicos y de 'Sports'*, se incluía la Aerostación.

La Comisión conferencia con el Agregado militar español en París[32]; por la tarde la Comisión visita la Exposición, en donde pudieron presenciar pruebas del concurso aerostático en los jardines exteriores del transformado castillo medieval de Vincennes, próximos a París.

La asistencia a tal evento dio lugar a entablar relaciones con varios y distinguidos aeronautas militares de *Suiza, Italia, Rusia y Suecia*, y otros aeronautas civiles de *Inglaterra* y *Francia*, cosa siempre conveniente para estar al tanto de los adelantos y ensayos que se hacen en los diversos países, en donde se tenía más desarrollada la aerostación, como describía Pedro Vives en su diario.

Las siguientes referencias, **Imágenes 9 y 10**, (AHEA. Sigs. N 1866-7.73 y 7.74. *"EXPOSICIÓN UNIVERSAL de 1900. SECCIÓN X: Aerostación, PROGRAMA"* y *"CONCURSO DE AEROSTACIÓN"*), de la Muestra Universal de 1900, en París.

En el Reglamento general de los Concursos organizados por la Sección X, referida a la Aerostación, se definió la naturaleza de las carreras para globos esféricos que tendrían lugar. Éstas comprendían las siguientes cuatro pruebas: *Duración, Altitud, Distancia* horizontal y *Distancia mínima* con relación a un punto fijo de antemano. Se premiaría a los concursantes que mejores resultados obtuvieran en las pruebas.

Los globos serían inflados, bien con gas de alumbrado, (de menor fuerza ascensional que el hidrógeno), bien con gas hidrógeno. Una de las normas del Concurso establecía que el gas de alumbrado, (también conocido como gas ciudad), necesario para la inflación de los globos sería suministrado gratuitamente y los gastos del transporte de regreso de todos los participantes al lugar de partida, serían devueltos íntegramente. El regreso se solía realizar en ferrocarril.

Entre otros concursos aerosteros que se organizaron, fueron, por un lado, los realizados con globos sonda, como medio para los sondajes meteoroló-

---

32.- Comandante del Cuerpo de Ingenieros D. Francisco Echagüe y Santoyo, ya referido.

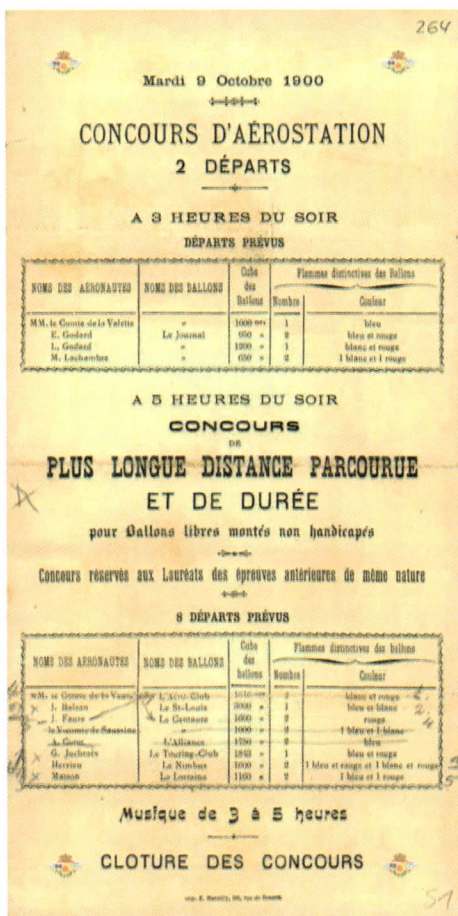

Imagen 9.- *Sección X de Aerostación.*

Imagen 10.- *Prueba del concurso aerostático.*

gicos de las altas regiones de la atmósfera, y, por otro, los realizados mediante réplicas de los globos históricos, que habían sido diseñados durante el desarrollo del referido arte.

En días sucesivos, la comisión realizó visitas: al observatorio meteorológico de *Trappes*[33] (Versalles, París), en donde tuvo lugar lanzamientos de cometas con equipos registradores meteorológicos; a los *talleres Surcouf*. En los *talleres Richard*, en la visita realizada a las instalaciones se encargaron algunos aparatos registradores de los últimos modelos desarrollados. También se visitaron las *instalaciones del globo Santos-Dumont*[34], en Saint-Cloud, dentro de la región de la isla de Francia. Finalmente, conferencia en el Consulado y,

---

33.- Observatorio meteorológico diseñado, organizado y dirigido por L. Teisserenc de Bort.

34.- El dirigible nº 1, construido en 1898, estaba provisto de motor Dion-Bouton.

posteriormente, en la casa *Thirions & Fils* de compresores, con el *Sr. Thirions*, para comprobar en qué fase de montaje se encontraba el compresor que se les había comprado.

De los apuntes presentados en el informe, respecto a la aerostación, decía que lo más interesante fue lo procedente de Rusia, asistir al último concurso aerostático de globos libres y visitar algunos establecimientos y talleres, en donde le facilitaron cuantas noticias pudieran ser de interés para la organización iniciada en Guadalajara.

Del Polígono de Experiencias de Guadalajara

Al estar el Polígono de Aerostación en la meseta central de la Península Ibérica, establecía el margen de cotas sobre el mar, entre 600^{mts} y 1.000^{mts}, situación diferente a los Parques aerostáticos de Francia, Rusia, Austria, Italia, Suecia, Portugal, Rumanía y otros; todos ellos se encontraban a cotas próximas al nivel del mar.

La mayor altura, respecto al nivel del mar, conlleva una menor fuerza ascensional, lo que requiere un aumento del volumen en los globos, que se traduce, en un aumento de cilindros de hidrógeno comprimido para cada inflación.

En el Parque de Experiencias, de la Memoria titulada "*Acerca de las primeras construcciones de globos cometas y esféricos ejecutadas en este Parque*, [...]", correspondiente al año 1905, viene una relación de las diversas construcciones llevadas a cabo en el Parque; entre ellas se menciona: Construcción de globos sonda y globos piloto; Globo gasómetro; Construcción del globo cometa Alfonso XIII; Construcción de un globo esférico de 800^{m3} para ascensiones libres; y Construcción de dos globos cometa de 20^{m3}, para el establecimiento de la comunicación telegráficas sin hilo.

De los preliminares en la memoria aludida, para los globos sonda, son las siguientes referencias: "Para hacer investigaciones en las altas regiones de la atmósfera se han lanzado hasta ahora, en este Parque, globos sonda análogos a los usados en el Observatorio de Meteorología dinámica de Trappes, ya referido, que dirige Mr. Teisserenc de Bort." El material empleado en la construcción del globo sonda era de papel, el cual debía de tener sus poros lo más pequeño posibles, ser de construcción muy homogénea y, además, ofrecer la necesaria resistencia y ligereza. El papel que utilizaba el Parque para su confección, era de 50$^{gr/m2}$ y para realizar las pruebas de bondad del mismo se sometía éste, en tiras de 0'05^{mts} de ancho y de 0'20^{mts} de largo, rompiéndose a los 12'5$^{kg\text{-}fuerza}$ por término medio.

¿Cuál debía ser la finalidad del Polígono de experiencias?

Iniciadas las primeras Escuelas prácticas, del incipiente mundo de la aerostación, el Director del Servicio aerostático, una vez estudiado y aplicado el desarrollo que venían teniendo los Parques aerostáticos en los principales países a los que había sido comisionado, se pidió su opinión sobre la posible propuesta de que por el Parque de Aerostación de Guadalajara, se desarrollaran las experiencias del proyecto de globo-dirigible Torres Quevedo.

El Director del Servicio de aerostación, en octubre de 1902, emitió el informe solicitado respecto a las posibilidades de llevarlo a cabo, en el referido Parque; del mismo son las siguientes referencias: "Considero que sería muy inconveniente el cambiar en lo más mínimo la marcha seguida hasta ahora por este Parque respecto a los globos-dirigibles, marcha que ha consistido en seguir con atención lo que acerca del asunto ha hecho en el extranjero, o en España, por si de ello resultara algo que pudiera tener aplicación militar, pero sin hacer gasto alguno en experiencias, que por su índole son siempre muy caras. De seguir otro procedimiento se correría el peligro de invertir una gran parte de los recursos del Material de Ingenieros en ensayos sin resultado práctico, repitiéndose el caso de Peral, con muchísimas menos posibilidades."[35]

Las iniciativas desarrolladas por Isaac Peral, se publicaron en la Revista General de Marina, de ellas son las siguientes referencias:

Resolver parte del problema del submarino pasó por: "*Haber logrado sostenerse* de una manera automática, en la profundidad apetecible, horizontalmente y lanzar torpedos en libertad, y no cautivos como se venía haciendo, *estar más tiempo* debajo del agua y *mayor radio de acción* que los probados en aquellos años", (1888).

"Se nombró una Junta para dar dictamen sobre las pruebas del submarino. La Junta estaba compuesta por un Presidente, (Capitán General del Departamento marítimo de Cádiz), y once vocales, (Inspector de Ingenieros, Brigadier de Artillería y Jefes y Oficiales de marina). El proyecto de pruebas que se valoraron fueron: *Pruebas de velocidad y de radio de acción; Prueba de navegación sumergido; Prueba de disparos de torpedos e invisibilidad; Prueba de mar.* Todas las pruebas fueron superadas y el informe emitido fue favorable. El Teniente de Navío Isaac Peral, fue felicitado por la Corona y por el

---

35.- González Redondo. 2002.

Gobierno de la nación; felicitación sustanciada por: los *laboriosos estudios del submarino, de su diseño e invención;* la *prueba de navegación sumergida* y resuelta la *parte más importante del problema que se perseguía"*, (1890).

¿Por qué no se aceptó el submarino Peral después de la innovación y progreso que representaba? Entre otros aspectos, era lo que tenía presente el director del Servicio de aerostación al no aceptar el compromiso de hipotecar los presupuestos del Parque de Experiencias de Guadalajara en desarrollar la experimentación del referido globo-dirigible proyectado, cuando por el Parque se seguían los acontecimientos que se venían sucediendo en los países que se desarrollaban estas nuevas tendencias aeronáuticas.

Para dar apoyo al desarrollo del proyecto del dirigible experimental referido, se publica la R. o. de 4 de enero, (G. M., Nº 9; 1904), por la cual se establece que se constituya, en Madrid, un *Centro de Ensayos de Aeronáutica* y un *Laboratorio* anejo, dependiente de la Dirección general de obras públicas, destinado al estudio técnico y experimental del problema de Navegación aérea y de la dirección de motores a distancia.[36]

El Parque de aerostación, para la colaboración en el desarrollo del proyecto, destinó personal y medios, es decir, en el Parque de Guadalajara, desde 1905, se venían realizando pruebas del referido modelo de dirigible, *"nuevo sistema de globo trilobulado fusiforme deformable"*. Una vez interrumpidas las pruebas, el material que estaba en el Parque de Guadalajara se trasladó a Madrid. Y por problemas de suministro de hidrógeno, las pruebas se continuaron en Francia.

• Del globo-dirigible

Se sabía que para conseguir que un dirigible formase un bloque único y que la barquilla siguiera todos sus movimientos, era suficiente utilizar una configuración indeformable, el *triángulo*. Quedaba por resolver: ¿qué pasaba con el equilibrio cuando se alargaba el globo-dirigible? La solución que se dio fue poner una *traviesa horizontal* entre la barquilla y el globo, para que ésta quedase suspendida; la conformaron un conjunto de *cables de acero* que se entrecruzaban de forma independiente, en varias direcciones, es decir, *sin nudos* de encuentro.

36.- "*Telekino*", diseñado por Torres Quevedo. (Ídem).

¿Cómo cambiaba el globo-dirigible de dirección? Inicialmente, los globos-dirigibles con dos elementos de propulsión, (hélices), adosados a sendos motores, ubicados en la barquilla, pensaron que sería suficiente si se paraba uno de ellos. La experiencia demostró que no era ésta la solución, por lo que cambiar de dirección, como los submarinos, pasaba por dotar al globo-dirigible de timón de dirección. Siendo éstas algunas de las referencias requeridas para que el dirigible navegara en equilibrio por el *Océano del aire*.

• Nueva comisión a Italia, Alemania y Francia

En el mes de junio del mismo año, (1902), una nueva Comisión tuvo lugar. En esta ocasión se inició en *Roma* y continuó en *Turín*, visitando, en esa localidad, diversas instalaciones del Cuerpo de Ingenieros. En *Munchen*, (Alemania), se visitó la fábrica de caucho y conferencia con oficiales aerosteros. En *Düsseldorf*, en la Sociedad *Rheinische Metallwaren und Maschenfabrik*[37], para un nuevo pedido de cilindros. En *París*, tuvieron lugar diversas conferencias cuyos interlocutores fueron: el Coronel *Renard*; *Sautter-Harlé*; *Surcouf, Barbier; Guiard* y *L. Teisserenc de Bort; Hervé* y *Cailletet*.

Estas conferencias estuvieron relacionadas, bien con la aerostación, bien con la industria aeronáutica o con la meteorología, dentro del objeto de la Comisión.

37.- Traducido como: *Fábrica de Herramientas y Maquinaria Renana.*

PARTE IV (1902 – 1906):

DEL ESTUDIO DEL OCÉANO DEL AIRE Y COLABORACIÓN CON LA *CIAC*

A medida que en diversos países, y de forma particular en Alemania y Francia, se iban estableciendo los elementos para explorar las altas regiones de la atmósfera y después de haber realizado unos lanzamientos previos de globos sonda simultáneos, se reunió en París, en 1896, un Congreso internacional meteorológico en donde se reconoció la necesidad de realizar exploraciones simultáneas de las altas regiones de la atmósfera en los diversos países participantes en la misma. El 14 de noviembre, de ese mismo año, se verificó una observación simultánea, efectuándose ascensiones, o lanzamientos de medios aerostáticos, en: París, Estrasburgo, Múnich, Berlín y Varsovia. (AHEA; Sig. N 1877-1).

De la invitación a participar en la tercera reunión de la CIAC

En carta[38] fechada el 14 de abril de 1902, el presidente de la Comisión Internacional de Aerostación Científica, (CIAC), invita a participar en la tercera reunión, que se celebraría en Berlín, al director del Servicio de aerostación, *Tte. Col. Vives y Vich*, la cual iba a tener lugar en los días del 20 al 24 del próximo mes de mayo, indicando de forma general que en dichas conferencias se tratarían: los resultados *de las ascensiones internacionales*; diferentes *cuestiones científicas*, y como tema principal, el programa *de las experiencias próximas* a llevar a cabo. Firma la misiva, el presidente de la CIAC, *Sr. Hergesell*, y secundaban la invitación los *Sres. W. von Bezold, R. Assmann*[39] y *A. Berson*.

Desde la CIAC, se invitaba a participar a los representantes de los Estados para conformar una red internacional, que estudiara el comportamiento de los vientos en altura.

38.- AHEA. 1902.

39.- Richard Assmann, y Teisserenc de Bort, aunque de forma independiente, descubrieron la estratosfera. (David López-Rey; *'Teisserenc de Bort y "La esfera de las capas"*).

Aceptada la invitación, el director del Servicio de aerostación trasladó el ofrecimiento hecho por el Ministerio, a los *Sres. W. von Bezold, Teisserenc de Bort, Assmann, Berson* y *Hergesell* a visitar la organización del Servicio de Aerostación en Guadalajara. Con fecha 28 de abril de ese mismo año, (1902), se comunicaba al director del Servicio de aerostación, que se aceptaba su propuesta de presentar, en la referida 3ª Reunión de la CIAC, el *estatoscopio*, (barómetro utilizado en aerostación), ideado por el *Cptan D. Fco. Rojas Rubio*, del Servicio de aerostación, ya referido.

• **Del programa y conclusiones de la reunión de la CIAC**

El programa provisional que se envió a los invitados, constaba de seis puntos que se deberían de analizar a lo largo de las jornadas previstas para las conferencias; estos eran: 1) Discusión de las *medidas que deben adoptase sobre las ascensiones internacionales* bajo la protección de los gobiernos de los distintos Estados. 2) Cómo *organizar un fondo para publicaciones periódicas*. 3) Discusión de las *ascensiones simultáneas realizadas*. 4) Cómo *organizar y qué instrumentos utilizar* en los globos para las futuras ascensiones. 5) Debates sobre cuestiones técnicas, *cómo medir la electricidad atmosférica* y el *magnetismo terrestre* desde el globo; y, 6) Proponer un *plan para establecer unos observatorios, con cometas*, en las costas del Mar del Norte; Tratar las cuestiones: Cómo *explorar la atmósfera en las regiones tropicales*, y dentro de ellas, los *vientos alisios*; *Lanzamiento de cometas* desde las montañas y sobre el Océano.

Para atender a tal invitación del Gobierno de la nación, desde el Ministerio se designa al Servicio de aerostación para que nombre una comisión. Ésta se inició en *París*[40], se continuó en *Düsseldorf*[41], ambas para estudiar los adelantos habidos en el ámbito aerostático, y en *Berlín* para asistir a la Conferencia convocada por la CIAC, que se celebraría en el mes de mayo, (1902), en donde se realizarían las deliberaciones de cuestiones científicas relacionadas con la aerostación.

La Conferencia concluyó dando unas recomendaciones finales, haciendo hincapié sobre las observaciones marítimas, en las cuales se deberían de

---

40.- Visita a los talleres en donde se estaba construyendo un *nuevo globo cautivo* para obtener efectos análogos al globo cometa sistema *Parseval-Sigsfeld* y visitar la exposición de las aplicaciones industriales del alcohol, para la obtención de *combustible líquido*. En el Parque se realizaba la construcción de diverso material aerostero, como ya se ha referido.

41.- Asistir a la exposición metalúrgica y visita a la Sociedad, ya referida, para tomar datos acerca de los cilindros para contener gases a alta presión.

emplear medios navales de los gobiernos, y los subvencionados por él, para llevar a cabo las referidas observaciones marítimas, estableciendo que "se realizaran los estudios de las condiciones atmosféricas sobre el Océano, por tener mucha mayor extensión de envolvente gaseosa [atmósfera] que en la superficie de la tierra." Con ello se quería ampliar los lugares desde donde se realizarían observaciones de la atmósfera.

La siguiente Conferencia de la CIAC tendría lugar en San Petersburgo, en donde se iban a presentar los resultados obtenidos a las recomendaciones finales dadas en la Conferencia celebrada en Berlín.

El «Arte aerostático» de Guadalajara se incorpora a la CIAC

El Servicio meteorológico de Madrid venía colaborando con el Servicio de meteorología del Parque aerostático con la información meteorológica, desde los inicios de la organización de la Escuela Practica de aerostación.

En enero de 1902, en la correspondencia entre los Ministerios de Instrucción Pública y Bellas Artes y el de la Guerra, ponía de manifiesto que: "se interesa de la conveniencia para que se pusieran de acuerdo ambos Ministerios para llevar a cabo cuantos estudios se relacionasen con la aerostación científica y militar".

Una vez finalizada la Comisión a Berlín y examinada la memoria presentada de la misma y comprobada la utilidad para el Servicio de aerostación, se publica en la G. M. (N° 229; 1902), la R. o. de 13 de octubre, autorizando a realizar cuantas observaciones científicas, para llevar a cabo la investigación de las altas regiones de la atmósfera, dentro del plan de la Comisión Internacional permanente de Aerostación Científica. El Gobierno nombró al *Sr. Augusto Arcimís Wehrle*, Director del Instituto Central Meteorológico de Madrid, organismo que dependía del referido Ministerio de Instrucción Pública y Bellas Artes, y al *Tte. Col. D. Pedro Vives Vich*, jefe del Servicio de aerostación, con dependencia del Ministerio, representantes en la Comisión Internacional permanente de Aerostación Científica, para que propusieran la manera de llevar a cabo la investigación de las altas regiones de la atmósfera, dentro del plan acordado en la citada Conferencia internacional de la CIAC.

Del reconocimiento internacional de la Aerostación

Las primeras actuaciones que tuvo la Junta constituida para organizar la asistencia a las conferencias que tendrían lugar en San Petersburgo, se iniciaron en el mes de mayo, (1904), enviando "a los *individuos* de la Comisión, a todas las *Sociedades* de Aerostación y a un cierto número de personalidades *conspícuas* que se interesaban por estos trabajos", invitaciones particulares, haciendo uso de la vía diplomática; y, por otro lado, el gobierno ruso invitó "a los demás gobiernos para que designaran un representante oficial."[42]

En las conferencias referidas estuvieron representados los siguientes países: *Alemania* (por un delegado del Imperio, uno de Prusia, uno de Baviera y uno del Ejército), *Austria, Inglaterra, España*[43], *Francia, Italia, Rumanía, Rusia* y *Suecia*. El *Weather Bureau*, de los Estados Unidos, comisionó al director del observatorio de *Blue Hill*, (Massachusetts), para representar los intereses de la meteorología americana.

En el discurso de apertura de la conferencia inaugural, dado por el presidente de la referida Comisión Internacional, *Sr. Hergesell*, describió las actividades desarrolladas por la misma. Algunas de las ellas fueron: "Desde la conferencia de Berlín, [de 1902, ya referida], han transcurrido más de dos años de afanosa actividad; […], en lo que concierne a las ascensiones mensuales, que se han verificado con regularidad, desde los distintos países de Europa y desde el observatorio de Blue Hill, los globos sondas utilizados, enviados mensualmente a las altas regiones de la atmósfera, aportaron[44], en su descenso, datos de interés.

También se hizo mención a las diversas actividades de los servicios aerostáticos, en particular se manifestó que: "En España, el jefe del *Parque aerostático* junto con los oficiales allí destinados, venían realizando ascensiones tripuladas y gracias al apoyo de *Sr. Teisserenc de Bort*, ya se han realizado desde *Guadalajara* algunas ascensiones no tripuladas. También en el *Centro* y *Este* de Europa se han aumentado los puntos de partida de las mismas; en *Múnich* se han establecido experimentos con regularidad; en *Kazan*[45],

---

42.- Montoto, H.; "*Organización y Sesiones*".

43.- España no había estado representada en las dos primeras conferencia celebradas en las localidades de Estrasburgo, en el año1898, y de París, en el año1900.

44.- De todos los equipos registradores que se recuperaron.

45.- Situada a 4'5^{km} a la izquierda del río Volga y bañada por el río Kazanka, República de Tartaria, (Tartiristán). Importante plaza comercial en las rutas a Siberia, China y Persia, (Irán).

Jakaterinenburg[46], *Moscou* y *Kiev*, se efectúan eventualmente ensayos; también desde *Suiza* se participa en los lanzamientos de globos sonda, y se realizan sondeos de la atmósfera sobre los *Alpes*, con globos lanzados desde *Zürich*. En el N.O. de Europa, desde el observatorio meteorológico inglés, y desde la costa de *Escocia*."

El observatorio de *Tegel*, en Berlín, se consideró como el primer observatorio aeronáutico, desde 1903, en donde se exploraba diariamente la atmósfera por medio de aerostatos con instrumentos meteorológicos. El observatorio Marítimo de Alemania estableció un observatorio permanente en las inmediaciones de *Hamburgo*. En el observatorio ubicado en *Viborg*, en la parte central de la península de Jutlandia (Dinamarca), para su diseño colaboraron, *Teisserenc de Bort*, *Hildenbranson*[47] y *Paulsen*, siendo uno de los objetivos, realizar observaciones aeronáuticas diarias de las condiciones atmosféricas de la envolvente aérea, por medio de cometas, aisladas y en tándem[48], equipadas con equipos registradores. También se hizo mención a la regularidad con que colaboró el observatorio meteorológico de *Blue Hill* en las ascensiones internacionales.

La Sociedad meteorológica francesa presentó, las observaciones de las corrientes atmosféricas, en donde los sondajes realizados mediante "*cerfvolant*"[49], no alcanzaron a determinar la altitud desconocida, en donde se producían los vientos contra-alisios que se querían detectar. Como nueva tentativa se recurrió a las observaciones realizadas desde el pico del Teide, (isla de Tenerife), por un grupo de expertos, de los vientos contralisios medidos desde dicha cima, a unos tres mil metros.[50]

La participación del Servicio de Guadalajara, en el Congreso de San Petersburgo, además de llevar a cabo algunas ascensiones en globo libre,

---

46.- Katerinenburges, también Ekaterimburgo, en el distrito federal del Ural. <u>Ekaterimburgo - Wikipedia, la enciclopedia libre</u>. (11.12.2021).

47.- Hugo Hildebrand Hildebrandsson y Léon Philippe Teisserenc de Bort, en 1898 publicaron "*Les bases de la météorologie dynamique*", (Las bases de la meteorología dinámica).

48.- Entre los diversos tipos de cometas utilizados en meteorología se encontraban las conocidas como: *Malais*, sin «guide-rope» (cola estabilizadora), y *Hargrais*, «celular» (en forma de paralelepípedo, abierta por las bases), las cuales se unían mediante los cables de elevación en donde se colgaban equipos registradores, formando un sistema múltiple, ideado para obtener datos en "puntos" diversos, al mismo tiempo, a gran altitud. (L'Aérophile, N°3. Marzo 1897).

49.- Término francés para denominar las cometas, ampliamente utilizadas en meteorología internacional, bien individualmente, bien unidas en tándem.

50.- L. Teisserenc de Bort; 1905: 35-38.

con el coronel ruso Kowanko[51], se presentó uno de los aspectos a estudiar, de interés para la ciencia: el eclipse de Sol total que iba a tener lugar al año siguiente, (1905), puesto que: "Por las condiciones excelentes que presentaba la península ibérica, para la observación del eclipse[52] de 30 de agosto, daba ocasión para que se organizara una serie de observaciones con elementos del Parque aerostático." [53]

• **De las resoluciones adoptadas en San Petersburgo**

En estas conferencias, se acordó efectuar ascensiones simultáneas en los días 29, 30 y 31 de agosto, en la localidad de Burgos, con objeto de estudiar la influencia del eclipse en la atmósfera. Dentro del plan que se sigue en las observaciones simultáneas que lleva a cabo la CIAC, se ha añadido el lanzamiento de un cierto número de globos piloto calculados para que pudieran subir hasta 2.000[mts], al objeto de complementar el estudio de las corrientes aéreas. Las observaciones estaban referidas a los términos de: *presión, temperatura, humedad, nubes y viento*, es decir, observaciones meteorológicas, con la posibilidad de incluir, trabajos espectroscópicos, fotográficos y dibujos de la corona solar.

Como resumen de las diversas resoluciones adoptadas en el referido Congreso respecto a la aerostación, fueron las recomendaciones que hizo la Comisión, entre ellas estaban: "*Necesidad* de mantener una organización estable de sondajes aéreos"; "*Importancia* de los sondajes para el estudio de las capas superiores de la atmósfera sobre los Océanos y los mares, equipando a los vapores de Estado y de las compañías marítimas subvencionadas".

De las previsiones hechas en 1900 para el Eclipse de sol de 1905

Uno de los elementos definidos sobre la esfera celeste, necesarias a la gnomónica en el estudio de los relojes de Sol, es el círculo máximo conocido como *Eclíptica*; lugar geométrico, en dicha esfera, en donde ocurren los eclipses de Sol y de Luna.

Considerando las referencias facilitadas por *Mier y Terán*, (S. J.), en la publicación de las observaciones hechas en Carrión de los Condes, (Palencia) por

---

51.- Alexandre de Kowanko, natural de San Petersburgo; 1884. Fue nombrado secretario de la comisión creada para el estudio de la aeronáutica y su aplicación militar, jefe del establecimiento aeronáutico de Edolkovo-Polie, cerca de San Petersburgo. (Ya citado. N° 6 junio 1899).

52.- Por la duración que iba a tener, 3^m38^s (+/- 2^s), tiempo inusual en la duración de los eclipses totales de Sol. (Mier y Terán; 1905).

53.- Ya citado. Sig. N 1877-1.

la Sección de Astronomía del Observatorio de Cartuja, (Granada), en ella se noticiaba que: "muchos de los astrónomos que habían acudido a España para el eclipse de 1900, habían vuelto a sus respectivos países con intento de preparar nuevos aparatos para mejorar el estudio del eclipse de Sol que iba a tener lugar en agosto de 1905, que prometía ser interesante, dadas las condiciones de tiempo, lugar y duración en la Península Ibérica".

En los siguientes mapas, **Imagen 11**, (Internet. "*Eclipse Total de sol de 28 de mayo de 1900*" y "*Eclipse Total de sol de 30 de agosto de 1905*" -Composición de la imagen del autor), de ambas se significa la diferencia de amplitud del ancho de la sombra que proyectó la trayectoria seguida por el eclipse total de Sol sobre la península Ibérica.

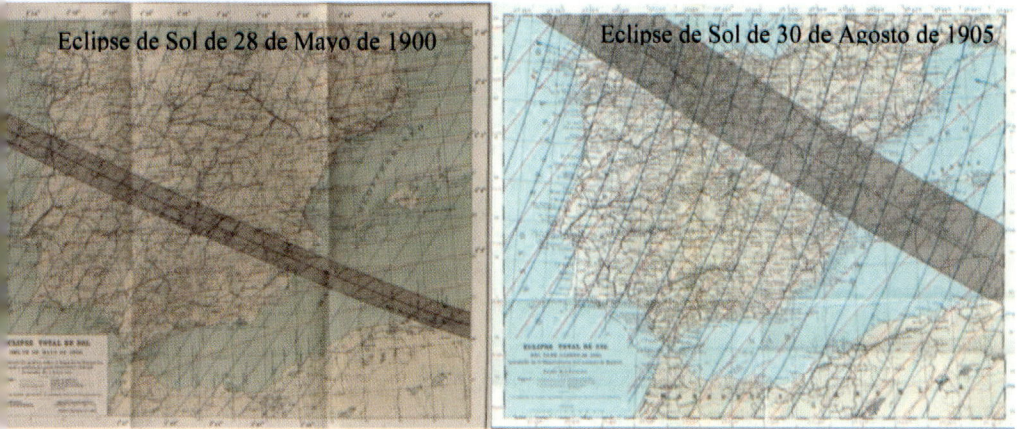

Imagen 11.- *Representación del ancho de las sombras proyectadas por el Eclipse total de Sol de* 1900 *y de* 1905 *sobre la península Ibérica.* (Imagen del autor).

De las previsiones hechas en el año 1900, para el eclipse de 1905, indicaban que el primer contacto, (cuando el *cono de sombra*, producido por la luna, toca en la tierra), tendría lugar en Canadá[54], atravesaría la *bahía del Labrador*, el *Atlántico*, la *Península Ibérica*, el *Mediterráneo*, *Sfax* (Túnez), *Tripolitania* (Libia), *alto Egipto*, el *mar Rojo*, *Arabia*, y el *golfo Pérsico*, invirtiendo unas cuatro horas en su recorrido, con la particularidad que España resultaba ser el país privilegiado para observar el eclipse.

La zona de totalidad del eclipse tendría una anchura de 194^{km}; Burgos se encontraba a 18^{km} al norte de la línea media que cruzaba la península desde

---

54.- Los cálculos que se habían realizado en previsión del eclipse, dieron como lugar de origen la *región de Manitoba*, próximo a la bahía del Labrador, Canadá.

el Cantábrico, entrando por el pueblo de Navía, (Asturias), y con salida al Mediterráneo por Albocacer, (Castellón). Siendo de 3^m42^s, el tiempo estimado de eclipse total que habría en Burgos.

De la Conferencia de la CIAC en Milán (1906)

Como continuación de la colaboración con la CIAC, en el mes de septiembre, (1906), se comisiona al Director del Servicio de aerostación, a Milán, en representación del Ministerio, para participar en la 5ª Conferencia Internacional de Aerostación Científica, la cual iba a tener lugar el primero de octubre de 1906.

Se inició la Conferencia, dando la bienvenida y las gracias, por parte del presidente, *Sr. Hergesell*, a los miembros asistentes de la Comisión y recordando la celebrada en San Petersburgo, haciendo mención a todos los civiles y a los militares Moedebeck[55] y Vives[56], expresándose en idioma francés y alemán.

De las conversaciones que se suscitaron, de interés para el Servicio de aerostación de Guadalajara, fueron: las referidas a la *sustitución* del tren de iluminación por automóviles; el *proyecto de organización*, en el Ministerio, de unidades independientes; de la *hidrolita*[57] para la telegrafía sin hilos; del *generador de hidrógeno* Schuckert, con que estaban equipados los carros alemanes para el tren de Parque móvil (carro torno, bien accionado a mano, bien automóvil, cuyo coste oscilaba entre 8.000[marcos] y 15.000[marcos], respectivamente); y de los *globos pilotos* de goma.

Como interés de Escuela práctica de aerostación, el Tte. Col. *Pedro Vives* tuvo ocasión de realizar una ascensión libre, iniciada en Milán, con el Tte. italiano *Cianetti* y el Cptan. ruso *Agapoff*.

55.- Autor del "*Manual teórico y práctico de Aerostación*", ya referido.

56.- Responsable de organizar el Servicio de aerostación español.

57.- Nombre comercial del *hidruro de calcio* que, en contacto con el agua, desprende hidrógeno.

PARTE V (1905):

DEL *ECLIPSE DE SOL* DEL 30 DE AGOSTO DE 1905 Y *OBSERVACIONES* METEOROLÓGICAS DESDE AEROSTATOS

Del Eclipse de sol de agosto de 1905

Al estar el Parque aerostático íntimamente relacionado con el Servicio meteorológico nacional, pero no con el astronómico[58], dio preferencia a las observaciones meteorológicas para estudiarlas desde diferentes alturas, con participación de los observadores situados en tierra, bien desde la estación que se establecería a pie de ascensiones en Burgos, bien desde el Parque en Guadalajara.

En las siguientes fotografías, **Imágenes 12 y 13**, (AMBu. Sigs. FO-5059 y FO-25712. Oct. 1905. *"Traslado paralelo a la vertical del globo para colocar la barquilla"* y *"Actividades del Cuerpo de Ingenieros"*), la primera, corresponde a la finalización de la inflación trasladando el globo paralelo a su eje vertical para continuar con la operación de colocar la barquilla y calcular el lastre. La segunda, diversas instantáneas del Servicio de aerostación, previas a la observación del fenómeno en la atmósfera.

Imagen 12.- *Traslado para colocar la barquilla.*

Imagen 13.- *Servicio de aerostación.* 1905.

58.- Como referencia al progreso de la ciencia meteorológica, cabe indicar que en la localidad sueca de Upsala, desde 1865 el servicio de meteorología horaria se seguía desde el Observatorio astronómico de dicha ciudad. Al considerar el servicio de meteorología, como nueva ciencia, en 1878, dio lugar a que se separase del Observatorio astronómico de Upsala. (Ya citado; 1898).

• **De las comisiones de observadores**

Mediante la R. o. circular de 10 de agosto, (G. M. Nº 223; 1905), se publicó: "Con motivo de las Comisiones extranjeras enviadas por sus respectivos gobiernos para verificar, en diversas localidades de la Nación española, observaciones y estudios científicos sobre el eclipse solar que ha de tener lugar el día 30 del actual, y constituidas por personal de singular relevancia cuyos nombres han sido comunicados y recomendados de un modo especial al Ministro del Estado por los representantes diplomáticos de los países a que pertenecen, a fin de que por nuestro Gobierno se les faciliten cuantos medios y auxilios necesiten para realizar sus observaciones y estudios de la mejor manera posible."

¿Qué promovió la publicación de la Real orden circular? Pregunta que plantea el historiador González y González, y que, también, da la respuesta en la publicación, *"El Observatorio de San Fernando en el siglo XX"*, (2004), del que se vierten las siguientes líneas: "Cabe conjeturar que el director del Observatorio de Marina de San Fernando, tenía que desplazarse a París para reunirse con los miembros del Comité Permanente Internacional de la Carta del Cielo y conseguir instrumentos necesarios para completar, con los adquiridos en el pasado eclipse de 1900, lo más preciso para mejorar la observación con éxito, anunciado mediante R. o. de 24 de octubre de 1904". Desde la retrospectiva próxima inmediata, se estableció: que en el mismo día 24 del siguiente mes de marzo, (1905), se publicara un R. d. en donde se autorizaba la entrada libre en España de los instrumentos y pertenencias de los astrónomos que pretendiesen observar, desde algún punto dentro de la sombra de la trayectoria prevista para el mes de agosto, en el territorio español.

El director del Observatorio, en el siguiente mes de abril, envió a observadores y astrónomos de todo el mundo una circular, en la que les comunicaba la decisión del Gobierno español y solicitaba los nombres de las personas interesadas, y demás datos que permitiera facilitar los trámites en las aduanas por las que tenían previsto llegar.[59]

De las Comisiones extranjeras que tenían prevista su participaron, son las siguientes referencias: **La Comisión francesa** compuesta por los astrónomos de los observatorios de París y Besançon, se instalarían en *Cistierna*, (León); los procedentes de Lyon, se instalarían en *Tortosa*, (Tarragona); la

59.- González y González, Fco. J.; 2004.

Comisión del Bureau de Longitudes de París, se establecerían en *Alcalá de Chivert*, (Castellón); a esta comisión se unirían los de Niza. **Procedentes de Inglaterra**, una comisión se establecería en *Palma de Mallorca*; la del observatorio de astrofísica de Londres, en *Albocacer*, (Castellón); la de la British Association, en *Burgos*. **Procedentes de Alemania**, del observatorio de Berlín, y las comisiones de Postdam y Hamburgo, en *Burgos*. La comisión científica **procedente de Italia**, se establecería en *Baleares*, y del observatorio de Florencia, en *Aljocebre,* (Alcocéber, municipio de Alcalá de Chivert. Valencia). De la **Confederación Helvética**, procedente de los observatorios de Ginebra y Basilea, al sur de *Mallorca*, los procedentes de la Universidad de Friburgo, en *Vinaroz*, (Castellón).

De otras naciones europeas: La **Comisión naval portuguesa**, realizaría sus observaciones desde *Ribadeo*; La **Comisión holandesa**, en *Burgos*; el **astrónomo ruso** se establecería en *Castellón*; del **observatorio húngaro** de Klanera, en *Carrión de los Condes*, (León). De América: procedentes de **Méjico**, una Junta científica de la capital que se instalarían en *Burgos*. De los **Estados Unidos**: la comisión prevista se trasladaría en barco, distribuyéndose entre la costa de *Castellón*, (a unos 20^{km} de Valencia, y en las inmediaciones de *Daroca*, (Zaragoza)), y de *Argelia*; también habría una comisión del observatorio de Lyck y otra de la universidad de Indiana.

• **De la participación española**

Por el Instituto Geográfico y Estadístico, el **observatorio de Madrid**, se establecería en *Burgos* para realizar medidas con los siguientes instrumentos: *cronógrafo, cámara prismática, espectrógrafo de Pellín, espectrógrafo de prismas de cuarzo, cámara de campo externo, actinómetro y magnetómetro*; en la localidad de *Sigüenza*, (Guadalajara), se realizarían observaciones magnéticas; se establecerían en el vértice geodésico de primer orden de *Trijueque*, (Guadalajara), para observar los contactos y determinar las coordenadas geográficas; también en el vértice geodésico de primer orden en el monte *Lagoa*, (entre Ferrol y Narón. Coruña), con el mismo objeto.

De la **facultad de Ciencias** de la universidad Central **de Madrid**, con objeto de estudiar las variaciones que puede experimentar el magnetismo terrestre a consecuencia del eclipse, (corroborar la relación entre la frecuencia e importancia de las borrascas y la actividad solar), montarían un observatorio en *Rasillo de Cameros*, (Logroño). El **observatorio de San Fernando** se instalará en *Soria*, en donde colocarían: la ecuatorial Grubb, provista de cámara fotográfica. También incluía el estudio de contactos; descubrimiento eventual de los planetas intermedios; la determinación exacta de las coordenadas geográficas del lugar; y observaciones meteorológicas.

Como resumen, en *Burgos* quedarían instalados los siguientes observatorios: el de Madrid; Meudon y París; British Association de Londres; Berlín, Postdam y Hamburgo; Holanda y Méjico. De ellos, próximos a localidad de Burgos, unos observatorios se instalarían en el *Campo de Cortes*, otros en *Villargamar,* en *Vivero*, en el *Plantío*, en el *Castillo* y en la *Merced*.

Por parte de la Comisión se dio un voto de gracia por ofrecer un puesto, en una de las "barquillas" a gran altura, (atalaya aérea), al observador designado por el Presidente de la CIAC, siendo corroborada por el presidente de la Comisión Internacional, agradeciendo a Pedro Vives y al Ministerio la iniciativa en ocupar un sitio en la barquilla del globo, a la Comisión, para observar el eclipse de Sol que iba a tener lugar el 30 de agosto de 1905.

Tomaron parte activa en las discusiones correspondientes a este Congreso: *Hergesell; Teisserenc de Bort; Assmann; Rykatchew; Koeppen; Shaw; Berson; Tte. Col. Vives*[60]*; Rotch; De Quervain; Moedebeck y Hildebrandsson,* e intervinieron eventualmente en los debates: *Erk; Rosenthal; Palazzo; Woeiken; De la Vaulx; Baranow; Bamler; Hinterstoisser; Bordé; Pomortzew y Chokalsky.*

• De las observaciones hechas por el Observatorio de San Fernando (Cádiz)

Al ser Soria la estación principal, se inició su traslado el 25 de julio; a su llegada el Ayuntamiento preparó el terreno para instalar los aparatos de relojería; en los días 27 y 28 llegaron los instrumentos, una vez instalados los cronómetros se les puso en marcha; y el día 30 de ese mes, se determinó la meridiana y se inició la preparación de los equipos.

Del plan de observaciones que debían de realizarse en Soria, son las siguientes referencias: Determinación de *la posición geográfica de la Estación.* Observación de *los contactos para el eclipse.* Fotografía *de la corona solar.* Fotografía *del espectro solar.* Determinación de *las radiaciones solares mediante observación visual mediante espectroscopio.* Observación de *las sombras ondulantes.* Exploraciones *próximas al sol* y Observaciones *meteorológicas.* Además se establecieron otros lugares de observación para el seguimiento astronómico, uno fue en *Trijueque,* (Guadalajara), situada en las proximidades del

---

60.- Pedro Vives y Vich.

límite austral de la sombra y, otro, *Torrelavega*, (Santander), en las proximidades del límite boreal.[61]

De la publicación correspondiente a las observaciones realizadas por el Instituto y Observatorio de Marina de San Fernando, da referencias de los lugares en donde estableció comisiones para llevar acabo observaciones[62] del eclipse; además del establecido en el *cerro de Santa Bárbara*, (Soria), ya referido, se establecieron en el *Observatorio de San Fernando*, en donde se realizaron observaciones visuales; observaciones fotográficas; observaciones meteorológicas y magnéticas. Para la observación del eclipse en los límites de la zona de la sombra, se realizaron observaciones desde: *Estación de San Cristóbal* y *Estación de la Cañada*, (Valladolid); *Estación de Alboraya*, *Estación de Puertas Serranos* y *Estación de la Cadena*, (Valencia); *Estación Torre de Hércules*, (Coruña); *Torreón del Reloj de Trijueque*, (Guadalajara); *Villafranca del Bierzo*, (León); y de forma específica se realizaron observaciones magnéticas desde el crucero *Infanta Isabel*, fondeado en el puerto de *Melilla*.

De la Aerostación en el eclipse de Sol

Con el título "*Los aeronautas y el eclipse de Sol de 30 de agosto de* 1905", la revista L'Aérophile N° 9, (A. de Masfrand; septiembre de 1905), trascribe los resultados, (los cuales aún no habían sido analizados por la premura de tiempo en querer publicar los datos obtenidos), de las observaciones hechas desde distintos lugares dentro de la banda de sombra del eclipse total o parcial con ayuda de los diversos sistemas aéreos, desde los globos montados, para alcanzar las capas medias de la atmósfera, (5.000[mts]), a las cometas meteorológicas o a los globos piloto, para altitudes mayores.

Los resultados que presenta el autor, los agrupó según las zonas de sombra, bien total, bien parcial. En la zona de la ocultación total se encontraban Burgos, (España), y Constantina, (Argel), en la de parcialidad, estaban Burdeos, París, Lieja y Londres.

61.- De Azcárate. 1907.

62.- OBSERVACIONES VISUALES: *Tiempo*; *posición geográfica de la estación*; *contactos*; *dibujos de la corona solar*; *sombra ondulante* (aspecto, coloración, orientación, anchura de las bandas y movimiento); *astros visibles*; aspecto del paisaje y efectos en las plantas; observaciones espectroscópicas. OBSERVACIONES ASTRONÓMICAS FOTOGRÁFICAS: *fotografía de la corona y de la parcialidad*; *exploración próxima al sol*; *observaciones espectroscópicas* (absorción, vapores cromosféricos, radiaciones cromosféricas, radiaciones protuberanciales y coronales); OBSERVACIONES METEOROLÓGICAS para ello se instalaron: barómetro, psicómetro, termómetro lenticular, termómetro solar en el vacío.

• **De las observaciones aéreas del eclipse total en Constantina (Argel)**

Del desglose de las observaciones realizadas desde Constantina, son las siguientes referencias: El servicio meteorológico de París, comisionado por el Ministerio de Instrucción Pública francés, se trasladó a dicha localidad para estudiar el fenómeno astronómico y su influencia en la atmósfera próxima. La comisión estuvo bajo el patronazgo de la Oficina de Longitudes y de la Comisión de Aerostación Científica del Aeroclub de Francia y con apoyo financiero de diversos miembros de la Comisión Científica.

La comisión se trasladó a Constantina el día 28. La operación de inflado del globo *Centauro* se inició el día 29, en la fábrica de gas de la localidad. Se comenzó elevando un globo sonda[63] para que estudiara las capas de la atmósfera.

El globo *Centauro* se elevó el día 30 de agosto, a las 13^h15^m, y después de haber navegado durante 2^h55^m por la región de Constantina, mientras duraba el fenómeno astronómico, se dirigió hacia el mar, rindiendo viaje[64] en el Cantón de Jemmapes, a 40^{km} de Constantina y a mitad de camino al Mediterráneo. Como ascensión comparativa del día 30 de agosto, el día 3 de septiembre, se elevó de nuevo el globo *Centauro* con la finalidad de realizar las mismas observaciones. Rindió viaje por la tarde a 70^{km} al S. E. de Constantina.

Respecto al observatorio en Constantina, situado a 660^{mts} de altitud, ubicado en la azotea norte del Hospital militar de la localidad, se realizaron observaciones de presión barométrica, variaciones del viento, temperaturas máximas y mínimas, y humedad, desde el día de llegada hasta el día 6 de septiembre.

Desde la atalaya aérea, el día del eclipse, las variaciones de temperatura fueron poco significativas. Durante el eclipse, la atalaya aérea se mantuvo a una altitud entre los 2.000^{mts} y 2.500^{mts}, pudiendo observar todas las fases del fenómeno y se pudo seguir todas la marcha del cono de sombra, la cual

---

63.- El globo sonda llevaba una nota con las instrucciones, en francés y árabe, para quien encontrara el equipo registrador lo enviara, siguiendo las indicaciones contenidas en la nota. Este se encontró cerca del cantón de Jemmapes, (Túnez). Posteriormente, los resultados se trasladaron a la oficina de meteorología dinámica de Trappes, (Francia), para su estudio.

64.- Desde Constantina; se utilizaron palomas mensajeras para establecer la comunicación.

fue bastante impresionante. Se describió en los siguientes términos: "El terreno fue tomando un tono grisáceo que fue oscureciendo a medida que llegaba el momento del eclipse total. Desde la atalaya aérea, no fue posible distinguir la luz en el horizonte ni apreciar las rayas voladoras, o sombras, que preceden y siguen después de la fase total, fenómenos que han sido vistos desde los observatorios en Constantina, en tres formas diferentes, cuya duración fue de unos 20^s, antes y después de la totalidad del eclipse. Se realizaron las observaciones actinométricas, pudiéndose determinar la atenuación de las luz respecto a las medidas tomadas en un día normal."

Las medidas obtenidas en los equipos colocados en los globos sonda, se trasladaron al observatorio meteorológico de Trappes, (Francia), para su estudio.

Respectos a la influencia del eclipse en los animales y en las personas, fue significativa; las palomas volvieron todas al palomar, pero las personas no tuvieron el mismo comportamiento homogéneo.

• De las observaciones aéreas del eclipse total en Burgos

El sistema de observación fue organizado por el Servicio de aerostación de Guadalajara, cuya propuesta de programa completo fue presentado por Pedro Vives en la última Conferencia internacional celebrada en San Petersburgo. De su desarrollo son las siguientes referencias: A las 12^h18^m, el globo *Júpiter*, (de 900^{m3}), se elevó; alcanzó 4.300^{mts} y rindió viaje a 70^{km} de Burgos, en la Sierra de la Demanda. Para evitar el calentamiento del gas por la radiación solar, se cubrió la envoltura de polvo de aluminio para que reflejara la luz solar. Cinco minutos después, se elevó el globo *Urano*, (de 800^{m3}), alcanzó una altura de 5.100^{mts}, rindiendo viaje cerca del globo Júpiter, y tres minutos después, se elevó el globo *Marte*, (de 800^{m3}), alcanzó una altura de 4.600^{mts}, rindió viaje cerca de la localidad de Vitoria, a unos 100^{km} al N.O. de Burgos.

En la siguiente fotografía, **Imagen 14**, (BVD. Vadillo, Alfonso, 1905. *"Los globos "Júpiter", "Urano" y "Marte" preparados para ascender y observar un eclipse de sol en Burgos (Burgos)"*).

Imagen 14.- *Los globos Júpiter, Urano y Marte, preparados en Burgos para realizar ascensiones libres destinadas a observar a* 4.000^{mts} *de altura.*

Algunas de las notas explicativas de la fotografía son: "En el reverso, el sello del archivo y a plumilla: "Los globos Júpiter, Urano y Marte, preparados en Burgos para realizar ascensiones libres destinadas a observar a 4.000^{mts}, el eclipse total de sol del día 30 de agosto de 1905". Alcance y contenido: "En una explanada de tierra y hierba, en horizontal a la composición, un elevado número de personas engalanadas, observan sobre sus cabezas tres globos aerostáticos dispuestos a salir; el más grande es el de la izquierda, con una envoltura haciendo triángulo de diferentes tonalidades, el del medio a rayas [por estar construido con dos tipos de tela diferente], y el de la derecha a rombos; sus barquillas, todavía en el suelo, rodeadas de público; **el cielo, con nubes; poca luz en general**".

Los globos que participaron en las observaciones, incluía la tentativa del estudio de las nubes, con los ya referidos: *Júpiter, Urano, Marte,* en colaboración con el globo *Cierzo,* (de 1.600^{m3}). Se alcanzó una altitud de 5.100^{mts}, y en el análisis de la segunda ascensión, se expuso las causas probables por las que se había alcanzado esa altitud, es decir por: "realizar una subida lenta; no haberse quedado el piloto en tierra, [por encontrarse indispuesto]; tirar demasiadas cosas [lastre]; no haber abierto la válvula de alivio de gas antes de alcanzar los 5.000^{mts}, la cual se abrió a destiempo por el observador, [ya que no pudo contar con el piloto para la maniobra del globo]; una vez que, en plena navegación, el piloto quedó afectado por las bajas temperaturas que se venían alcanzando, quedándose la cámara y placas sin estar atendidas."

En la siguiente fotografía, **Imagen 15**, (Colección Fotos Augusto T. Arcimís. ARC- Fotografías. ARC-0121_P_ECLIPSE DE SOL DE 1905. "*En globo, mar de nubes*". Identificador: http://hdl.handle.net/20.500.11765/4426. Tipología de la fotografía: Positivo estereoscópico. Soporte: Vidrio a la gelatina).

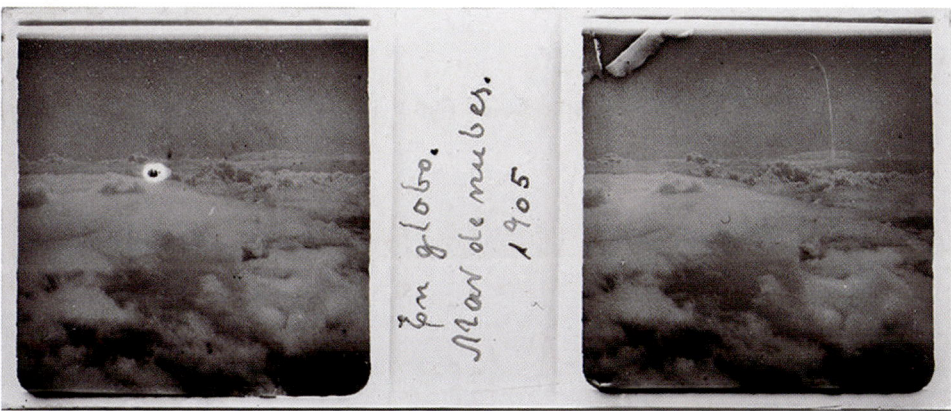

Imagen 15- *Fotografía desde globo esférico para el estudio de las nubes.*

Como resumen de las observaciones aerostáticas realizadas en Burgos, son las siguientes referencias: "estas se realizaron con la elevación de cuatro globos montados, que hicieron observaciones meteorológicas, espectroscópicas de la corona solar y de las sombras volantes; lanzamiento de cinco globos sonda que alcanzaron alturas de 17.360^{mts} sobre el mar y registraron temperaturas mínimas de -53'8°C, a los 11.200^{mts}; lanzamiento de diez globos piloto para el estudio de los vientos y elevación de un globo cometa con aparatos registradores."

• **De los festejos organizados con motivo del eclipse total**

Por tal motivo, se celebraron diversos festejos en la localidad de Burgos, desde el 27 al 31 de agosto. En los mismos se incluían ascensiones aerostáticas para dar a conocer y promocionar el arte aerostático.

En las siguientes fotografías, **Imagen 16 y 17**, (AMBu. Sigs. FO-9099 y FO-5064. Oct. 1905. *"Fiestas en Burgos 1905"* y *"Público y globos en terrenos de cuarteles en Burgos, con motivo del eclipse de Sol"*).

Imagen 16.- *Cubierta programa fiestas.*

Imagen 17.- *Muestra de aerostación, Burgos* 1905.

En Francia, con motivo del eclipse de Sol, también se quiso participar en los actos que se celebrarían en Burgos, con la tentativa de organizar un viaje en tren de recreo a Burgos y regreso. Y el director de la Comedia francesa, en *hermandad* con la colocación de la primera piedra al monumento de El Cid, el mismo día 30 de agosto, en París, daría una actuación de gala, interpretando *"El Cid"*, uno de los héroes legendarios.[65]

65.- L'Aérophile. (1905).

PARTE VI (1905 – 1908):
DESARROLLO DE LA AEROSTACIÓN *SPORTIVA*

La aerostación *sportiva* y *técnica* fundamento del RAeCE y de la FAI

El cruce de los Pirineos en globo se había realizado, por aerosteros france-ses, una sola vez, por la parte más baja de la referida cadena montañosa occidental recorriendo unos 80^{km}, desde Bayona a Sizur-Mayor, localidad próxima a Pamplona, el 29 de marzo de 1875.

• De la Copa Aerostática de los Pirineos

Tal era el desarrollo que se estaba dando a la aerostación que una de las pruebas internacionales que se estableció, fue la *Copa Aerostática de los Pirineos*[66]. Según el reglamento del evento, la copa se entregaría al primer aeronauta que saliendo de Pau, rindiera viaje en España o en Portugal.

Desde la organización, para revalidar el cruce de los Pirineos[67], se propuso que fuera por la parte más elevada, (entre el Pico d'Anie, 2.504^{mts} y el Pico de Midi d'Ossau, 2.884^{mts}), pero con la condición de que la tentativa se rea-lizara en los meses de octubre o noviembre, cuando las corrientes del norte son dominantes. Una de las dificultades añadidas, manifestó la organiza-ción del evento, sería que, una vez cruzada la cordillera, no encontrarían localidad que pudiera suministrar gas. Aun así, el entusiasta y simpático aerostero asturiano, Jesús Fernández Duro[68], hizo una ascensión de prueba en Pau, el 24 de mayo de 1904, renovándola, al poco tiempo desde la misma localidad francesa.

• Del Real Aéreo-Club de España (RAeCE)

En abril de 1905, se establecieron las bases para constituir el Real Aero-Club de España, (RAeCE), inaugurándose el 18 de mayo mediante una fiesta aeronáutica con las ascensiones de los siguientes globos: *Avión* de 450^{m3},

---

66.- Creada por, Henry Deutch de la Meurthe y el Automobile Club Béarnais, y con el control "sportivo" del Aero-club del Sud-Ouest de Francia.

67.- En las observaciones aerológicas del observatorio del Pico de Midi, la mejor época para cruzar los Pirineos, era el invierno, cuando las corrientes del norte son dominantes.

68.- Había obtenido el título de piloto aerostero en el Aeroclub de Francia, en ese mismo año, (1904).

pilotado por el *Sr. Fernández Duro*, salió a las 12ʰ10ᵐ; *Alcotrán*, de 1.000ᵐ³, pilotado por *Cptan. Gordejuela* y como tripulante el *Sr. Sánchez Arias*, inició el ascenso a las 12ʰ15ᵐ; *Vencejo* de 1.300ᵐ³, pilotado por *Cptan. Kindelán* y como tripulantes el *marqués de Rodriga* y el *Sr. Amézaga*, salió a las 12ʰ18ᵐ; y, a las 12ʰ20ᵐ, correspondió al globo *Alfonso XIII* de 1.600ᵐ³, iniciar la ascensión, pilotado por el *Tte. Col. Pedro Vives* y como tripulantes el *marqués de Viana* y los *Sres. Liniers* y *Rugama*.

Todos los globos que participaron en la inauguración oficial del RAeCE llevaban palomas mensajeras, pertenecientes al Palomar central militar, afecto al Parque de Guadalajara, y al palomar de *D. César Martínez*, miembro de la Sociedad colombófila de Madrid. Su uso estaba motivado por la excesiva distancia que existía entre estaciones telegráficas en algunas comarcas de la península; la comunicación por medio de palomas mensajeras, después de los viajes en globo, en algunos casos era de gran utilidad.

• De la Federación Aeronáutica Internacional (FAI)

En el mes de octubre de 1905, Emilio Herrera Linares[69] y Jesús Fernández Duro participaron en el concurso aerostático internacional del Aeroclub francés, recorriendo 1.170ᵏᵐ, invirtiendo en el recorrido cerca de 14ʰ, hasta rendir viaje en *Lindenau*, (Moravia occidental), meses antes del cruce de los Pirineos.

Tal era el interés en *codificar la libertad de acción de la atmósfera*, mediante un *Reglamento aéreo*, que a mediados del mes de octubre de ese mismo año, (1905), en París, se estableció una Conferencia internacional de aeronáutica para estudiar las bases de una *Federación Aeronáutica Internacional*, (FAI), que regulase las actividades internacionales de aerostación "*sportiva*".

En la naturaleza de los trabajos desarrollados para su constitución, dentro de los realizados para establecer un Reglamento internacional, se consideró como medio equitativo que cada nación fuera representada proporcionalmente según su importancia, considerada desde el punto de vista aeronáutico; es decir, en función del consumo de gas con globos tripulados, durante el periodo comprendido del 1 de agosto de 1904 al 31 de julio de 1905. Cada nación estaría representada por un delegado por cada 25.000ᵐ³ consumidos. Los Estatutos y Reglamentos fueron subscritos inicialmente por las siguien-

---

69.- El 15 de junio de 1905, se le concedió el título de piloto de primera categoría de (globo) esférico. El 3 de octubre de 1911, se le concedió el título de piloto de segunda categoría de dirigible. Y el 25 de mayo de 1913, se le concedió el título de piloto de primera categoría de aeroplano.

tes naciones: *Alemania, Bélgica, España, Estados Unidos* de norte América, *Gran Bretaña, Francia, Italia* y *Suiza.*

En el mes de octubre, (1906), el Director del Servicio de aerostación, en representación del Ministerio, es comisionado a la 2ª reunión de la Federación internacional de aerostación, en Berlín, para participar en el 3er Congreso internacional de aeronáutica. Una vez finalizadas las Sesiones de trabajo, el referido Director del Servicio de aerostación es elegido vicepresidente de la Federación y miembro de la Comisión internacional permanente de aeronáutica.

• De las Iniciativas de la Aerostación civil sportiva en España

Constituido el Real Aéreo Club de España, (RAeCE), la primera competición que organizó, y en la que cooperó el Real Automóvil Club de España, (RACE), tuvo lugar el mismo año de su fundación, con el nombre de: *"Concurso aerostático-automovilista"*, (1905). Se estableció como punto de partida, Madrid, y ganaría la prueba el que realizara el mayor recorrido aéreo.

El globo ganador recorrió 500km, llegando a *Setubal*, (Portugal).[70] Los globos eran seguidos, por carretera, por los automóviles inscritos en la prueba, bien para poder auxiliar a los aeronautas, bien como comisarios del desarrollo de la misma, según normas que se venía aplicando en las competiciones aerosteras internacionales y que, en esta ocasión, fueron adaptadas por los organizadores del evento.

- Cruce de los Pirineos

El cruce de los Pirineos, lo realizó el entusiasta piloto de globo asturiano, el 22 de enero de 1906, desde la localidad francesa de Pau, rindiendo viaje en Guadix, (Granada), después de recorrer 704km en casi quince horas de Navegación aérea en solitario; tal viaje representó un acontecimiento de importancia mundial.

Como noticia curiosa, en la revista *España Automóvil*, (1908), se publica que el *Sr. Salamanca*, (que había participado en la inauguración del RAeCE), cruzó los Pirineos, siendo el punto de partida el gasómetro de Madrid, lugar en donde ya se habían realizado inflaciones de aerostatos y del globo-dirigible, ya referido, en el periodo de pruebas.

70.- Gomá Orduña; 1946.

- Travesía del Mediterráneo

La particularidad de Barcelona, además de estar a la orilla del mar, es que está sobre un saliente de la costa litoral mediterránea cuya configuración hace que su sector marítimo sea mayor que la del litoral.

Una nueva aventura aerostera tuvo lugar en Barcelona, el 2 de abril del mismo año, (1906), con Emilio Herrera[71] acompañando al *sportman* Jesús Fernández Duro, en la *"Travesía del Mediterráneo en globo"*, ascensión proyectada para estudiar la aerostación sobre el mar, la meteorología, anclas, moderadores para la navegación aérea sobre el mar, (una especie de guiderope que hacía la función de timón), y otros aspecto de la aéreo-navegación, en el globo *Huracán*, de 2.000^{m3}.

La elevación tuvo lugar en las inmediaciones de las instalaciones de los gasómetros de *"La Catalana del Gas y Electricidad S. A."*, ubicada en la Barceloneta. Según la prensa, inicialmente se tenía previsto rendir viaje en Italia, pero las condiciones atmosféricas les llevaron a realizar un recorrido, sobre el golfo de León, de unos 380^{km}, rindiendo viaje en *Salces* (Rivesaltes. Francia).

Para navegar sobre el mar, se debían de seguir pautas establecidas como bases esenciales sancionadas por la experiencia. Estas eran: la *Estabilidad* de flotación del globo, (de gran cubicación), en el aire; la *Invariabilidad* de la forma, (el globo debía de estar equipado con cámara de aire, ya referida), y la *Dirección relativa*, (proyección), del recorrido sobre el mar, junto con un grupo completo de aparatos de ayuda a la navegación y disponer de barcos para acompañarles durante la travesía.

- De la conmemoración del cruce de los Pirineos

Para conmemorar el cruce de los Pirineos, organizada por el Aero-Club del Sud-Ouest de Francia, el 19 de enero, (1907), el referido Director del Servicio de aerostación sale para Burdeos, presidiendo la comisión del RAeCE y cuatro días después, participa en el festival aerostático, pilotando el globo *Fernández Duro*, en su recuerdo, fallecido en un accidente de aviación en San Juan de Luz, meses después de haber realizado el cruce de la cadena montañosa referida. Como tripulantes del globo Fernández Duro, le acompañaron el conde de la Vaulx y el vizconde Lirac.

71.- Desde Melilla, en donde se encontraba destinado el Cptan. del Cuerpo de Ingenieros D. Emilio Herrera Linares, se desplaza a Barcelona para participar en la ascensión libre marítima.

Una nueva conmemoración del cruce de los Pirineos, tuvo lugar en Barcelona, a mediados del mes de mayo, (1907). El Director del Servicio aerostático, como representante del RAeCE, fue comisionado para tomar parte, como jurado, en la conmemoración de la primera travesía de los Pirineos realizada, evento al que le dieron el nombre de: *Concurso aerostático*, organizado por el RAeCE y el Ayuntamiento de Barcelona.

- Concurso Internacional de Globos libres en Barcelona (1908)

En el mes de mayo, (1908), iba a tener lugar el *Concurso Internacional de Globos libres en Barcelona*. El concurso buscaba eliminar cualquier aspecto marítimo en su ejecución. En la preparación del mismo, según lo dispuesto en el programa para el 15 de marzo, en Barcelona se reunió el jurado, acordándose que se realizaran los estudios y exploraciones de la atmósfera para poder dar salida a los participantes y no tener que suspenderla, por condiciones meteorológicas.

A los Directores del observatorio de Fabra y de la Universidad de Barcelona, se les encomendó el estudio del estado meteorológico y de los telegramas procedentes de los Observatorios Centrales de Madrid y París, y al Parque de Aerostación de Guadalajara, hacer exploraciones con cometas y globos piloto, desde el *Tibidabo* (Barcelona), y, próximos a donde iban a tener lugar las elevaciones, mediante globos piloto, visados con teodolitos, para conocer la dirección del viento a diversas alturas. La salida también tuvo lugar en la zona de recreo aledaña a las instalaciones de los gasómetros de "*La Catalana del Gas y Electricidad S. A.*", ya referidos, que suministró el gas necesario para el inflado de los globos concursantes.

En el siguiente plano, **Imagen 18**, (AHCB. Martorell Portas, Vicenç. Ref.-11202_C0202_19837. "*Plànol del terme municipal de Barcelona. 1929. [Plano del término municipal de Barcelona. 1929]*")

Imagen 18.- *Lugares de observación para el Concurso Internacional de globos libres de Barcelona* 1908. (Imagen del autor).

En el plano se indica: según (a), monte Tibidabo, en donde se encuentra el observatorio de Fabra, situado a unos 530^{mts} sobre el nivel del mar; según (b), Universidad de Barcelona; y, según (c), lugar de elevación de los globos participantes en el Concurso, aledaño a la referida fábrica de gas.

Llegado el día, 18 de mayo, en que la meteorología permitió iniciar las ascensiones, éstas fueron presenciadas por el gobernador civil y numeroso público.

En la siguiente fotografía, **Imagen 19**, (AFB / AHCB. Ballell Maimí, Frederic. 1908. *"Concurso de globos aerostáticos"*. Nota: corresponde al Concurso internacional de globos libres de Barcelona, celebrado el 18 de mayo). El siguiente croquis, **Imagen 20**, (Del croquis de la revista España Automóvil Nº 11; 1908. Pág. 124. *"Concurso internacional de Globos libres en Barcelona"*).

En la revista *España Automóvil*, (1908), con el título: *"Concurso Internacional de Globos libres en Barcelona"*, el Director del Servicio de aerostación hace una introducción al referido Concurso, mediante unas notas históricas de las iniciativas de volar en globo sobre el mar, o cruzar superficies cortas del mismo, las cuales justificaban por qué el Concurso internacional buscaba eliminar cualquier aspecto marítimo en su ejecución, teniendo presente el sector abierto al mar de la ciudad condal.

ıda: Concurso internacional de globos libres de Barcelona, mayo 1908
Gobernador civil de Barcelona.
Director del Servicio de Aerostación militar.
Gasómetro de "La Catalana del Gas y Electricidad S. A.", ubicada en la Barceloneta.

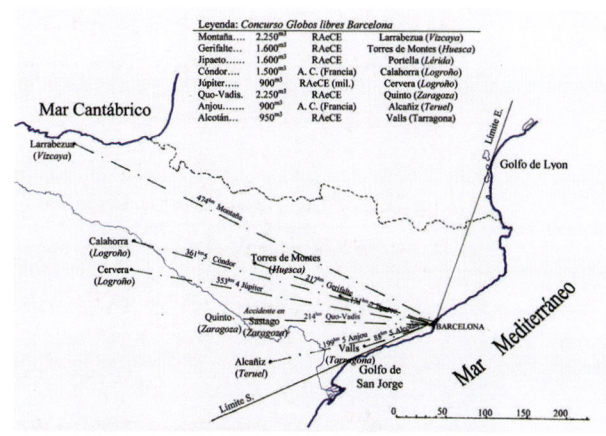

Imagen 19.- *Previos al Concurso interna-cional de globos libres en la Barceloneta.*

Imagen 20.- *Croquis recorrido de los partici-pantes en el Concurso internacional de glo-bos.* (Imágenes del autor).

Los globos que iban a participar, eran de gran volumen, no estarían equipa-dos con los medios necesarios para navegar sobre el mar y no se disponía, en conjunto, de embarcaciones que pudieran acompañarles durante la tra-vesía, por si requiriesen ser auxiliados en alta mar.

Nuevas comisiones del Servicio aerostático

Mediante R. d. 26 de mayo de 1906, quedaba aprobada la adquisición a la Sociedad *Rheinische Metallwaren und Maschinen fabrick*, ya referida, la cantidad de 490 cilindros para almacenamiento y transporte de gas hidró-geno comprimido.

En las memorias correspondientes a las comisiones realizadas en 1906 y 1907, por el Servicio de aerostación, se hizo constar: "los inconvenientes que representaba el exagerado precio, (se pagaría el triple de lo que se pa-gaba en el extranjero, debido a los aranceles de aduana), y mala calidad del ácido sulfúrico que se podía adquirir en España; ello requería dar una solución a dicha situación."

La solución pasaba por: "seguir las pautas, como se hacía, en los Servicios de aerostación en el extranjero"; es decir, recurrir a la industria particu-lar para adquirir hidrógeno electrolítico a mejores precios y calidad del hidrógeno que el obtenido en el Parque aerostático, y, a su vez, "mejo-rar y perfeccionar los medios materiales y personales para la fabricación y compresión del gas, compresión efectuada en los talleres permanentes del Parque aerostático."

El hidrógeno obtenido por electrólisis del agua, era químicamente puro, de mayor fuerza ascensional, inofensivo, exento de sustancias tóxicas y de las que deterioraban las telas de los globos.

Resumen gráfico de las iniciativas de la Aerostación sportiva

El resumen gráfico de las iniciativas de la aerostación sportiva queda plasmado en la siguiente representación gráfica, trazadas sobre el plano de las ascensiones libres de la Escuela Práctica de aerostación de Guadalajara, **Imagen 21**, (AHM. 1908. Sig. F-05239. E: 1/1.300.000. *"Mapa España de Ascensiones Libres hechas por el Parque de aerostación militar"*).

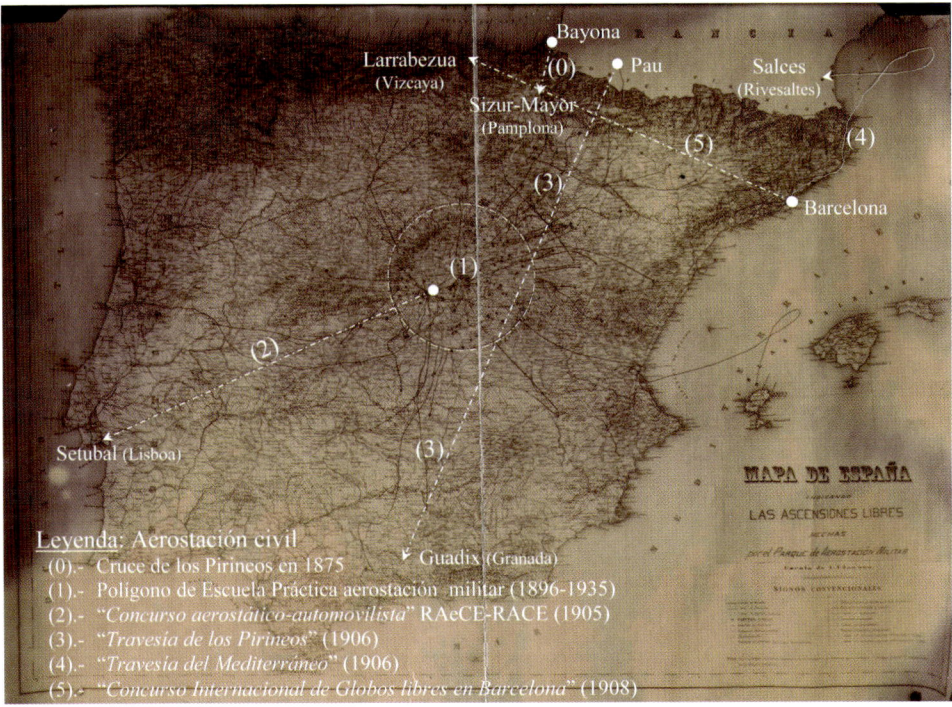

Imagen 21.- *Resumen iniciativas Aerostación sportiva en España.* (Imagen del autor).

En la imagen se han representado las siguientes referencias: Según (0), *Cruce de los Pirineos*, realizado en 1875; según (1), *Ubicación del Parque aerostático militar*, Guadalajara (el círculo en trazo discontinuo, representa un radio de unos 100^{kms}, como resumen de todas las ascensiones realizadas por la Escuela Práctica militar dentro de ese radio); según (2), *Concurso aerostático-automovilista* de 1905; según (3), *Travesía de los Pirineos* en 1906; según (4), *Travesía del Mediterráneo* en 1906; y, según (5), *Concurso internacional de globos libres en Barcelona* en 1908.

PARTE VII (1906 – 1909):

DEL INICIO DEL SUMINISTRO DE HIDRÓGENO ELECTROLÍTICO AL SERVICIO AEROSTÁTICO

Generación de gas hidrógeno por el Parque aerostático

La producción y compresión del gas y la conservación y entretenimiento de todo el material estaban a cargo del Parque aerostático. Inicialmente, los lugares en donde iba a tener lugar las elevaciones del globo, fuera del Parque, se desplazaba el *tren generador de hidrógeno*, conocido como *Parque móvil*, con la Unidad expedicionaria, colocándose en las inmediaciones de lugares que hubiera agua para alimentar al *generador de hidrógeno*, de producción continua, durante su producción. El tiempo necesario para la inflación del globo, obtenido por este sistema, oscilaba entre tres y cuatro horas.

En el caso de utilizar hidrógeno comprimido, almacenado en cilindros de acero, facilitó la movilidad de la Unidad, con ello, el tiempo para la inflación se redujo a unos veinte minutos, reducción considerable. Mejorar la movilidad estaba supeditado al transporte de los cilindros, estos se hacían en vehículos porta cilindros hasta el lugar en donde iba a tener lugar la elevación.

En la siguiente fotografía, **Imagen 22**, (AHEA. Sig. N1878-11. *"Parque y Polígono de Escuela Práctica del Servicio de aerostación"*. S/F. Nota: las referencias en la fotografía proceden del plano Ref.: AMGu-138407).

De las referencias sobre la imagen, se indican: según (8), el edificio de generador de gas; según (10), cobertizos para los cilindros, en donde quedaban apilados; y, según (11), bomba de pruebas; ésta estaría relacionada con pruebas para comprobar la bondad de los cilindros y pruebas de validez de las válvulas o llaves de paso, para comprobar la estanqueidad de los mismos.

El Servicio de aerostación contó con dos generadores químicos, uno sistema *Yon*, (ya referido) y otro *Lachambre*, en los que se podía fabricar $100^{m3/hora}$, procedimiento bastante anticuado, cuyo gas, aún después de haber reali-

Imagen 22.- *Parque y Polígono de Escuela Práctica del Servicio de aerostación.*
(Imagen del autor).

zado una cuidadosa depuración de impurezas, éste resultaba impuro con el inconveniente de resultar tóxico para las telas, que las deterioraba, por los residuos que se encontraban en las primeras materias que el comercio proporcionaba. Ambos eran de fácil manejo y la materia prima no requería recurrir al extranjero. Dar solución al inconveniente principal, como ya se ha mencionado, pasaba por mejorar la calidad del gas. En el año 1909, se adquirió un generador transportable, sistema *Schuckert*, que proporcionaba unos $80^{m3/hora}$; el gas obtenido no era tóxico y bastante puro.

El Servicio aerostático, al comenzar la guerra europea, estuvo en trato con la casa *Schuckert* para adquirir un generador fijo capaz de rendir $800^{m3/hora}$, reservando el generador transportable para utilizarlo en la estación del dirigible que se iba a instalar en Cuatro Vientos, lugar en donde se iniciarían los viajes del dirigible. Inconveniente de este sistema, pasaba por tener que adquirir la materia prima en Alemania, lo que condicionaba su uso.

En la siguiente fotografía, **Imagen 23**, (ACECAF. 1916. *"Aeródromo de Cuatro Vientos"*).

Imagen 23.- *Esqueleto del hangar dirigible en Aeródromo de Cuatro Vientos*, 1916.

En la imagen se observa el esqueleto del hangar, o estación desmontable del dirigible, para la Aerostación expedicionaria, tipo Vaniman. Una vez iniciada la organización de la Aeronáutica naval, dicho hangar les fue transferido para iniciar la Escuela práctica de Aerostación naval en el campo de La Volatería, (1921), término municipal de El Prat del Llobregat (Barcelona).

• Prácticas de inflación con cilindros

Una vez que el hidrógeno obtenido se almacenó comprimido, ya no fue necesario trasladar el generador de hidrógeno y, en los periodos de Escuela Práctica, motivó instruir a las Unidades aerosteras en el proceso de inflado de los globos mediante la interconexión de los cilindros para aumentar el caudal de gas, teniendo como límite, la presión del flujo de gas durante la inflación, la resistencia de la tela, tanto la del conducto que transporta el gas para la inflación, como la envolvente.

En la siguiente fotografía, **Imagen 24**, (AHEA. S/F. *"Practica de inflación del globo-cometa desde cilindros interconectados"*), practica realizada en la zona reservada para la experimentación de Escuela Práctica del Servicio aerostático de Guadalajara.

Leyenda: Prácticas preparación inflación globo-cometa desde cilindros interconectados
(a). Conjunto de carros transportadores de cilindros.
(b). Interconexión de cilindros para la inflación.
(c). Preparación globo-cometa para colocarlo desplegado sobre la tela para la inflación
(d). Tela fijada en el suelo mediante sacos de lastre de maniobra que sujetarán la barquilla en el suelo, durante su montaje.

Imagen 24.- *Práctica inflación del globo-cometa desde cilindros interconectados.* (Imagen del autor).

En la imagen, prácticas de inflado de globo cometa en el Polígono de Escuela Práctica de Guadalajara, se indican, según (a), conjunto de carros transporte de cilindros; según (b), conexión de varios cilindros; según (c), globo antes de desplegarse; según (d), tela sobre la que se colocará el globo para aislarlo del suelo, sobre la tela se colocaban sacos de lastre para mantenerla fija al suelo, cuya distribución se puede observar en la imagen, sobre el borde de la misma.

La utilización de los cilindros permitió, mediante la interconexión de varios de ellos proporcionar más cantidad de gas, cuya limitación principal estaba en la resistencia del conducto, por la presión transmitida del fluido durante la inflación.

La industria particular de hidrógeno electrolítico vino, bien por iniciativas particulares, como fue la Oxhídrica Española S. A., ubicada en el término del Rabal, (o Arrabal), de Zaragoza, bien de la mano de las empresas extranjeras que se establecieron en España, como fue la Sociedad Electro-Química, ubicada en Flix (Tarragona).

La Sociedad «La Oxhídrica Española»

Del Acta de constitución de la Sociedad *La Oxhídrica Española*, de quince de enero, (1906), son las siguientes referencias: Del Artículo primero/Título Primero: *"Constitución. Domicilio. Objeto. Duración.* Recogida por estos estatutos se constituye una Sociedad Anónima Industrial y Comercial que se denominará *La Oxhídrica Española*. Su domicilio Social será Zaragoza, pero se podrán establecer sucursales en cualquier punto de España, o del Extranjero, a juicio de su Consejo de Administración." Del Art. segundo.- "La Sociedad *La Oxhídrica Española*, tendrá por objeto la producción del Oxígeno, del Hidrógeno y de todos los gases, que por electrólisis puedan obtenerse." En el siguiente Art., se establecía que: la duración de la Sociedad "sería de 25 años desde la fecha de constitución definitiva" y prorrogable el tiempo que acordase la Junta de accionistas.

En el siguiente plano[72], **Imagen 25,** (*"Término municipal de Zaragoza"*. Año 1892. E: 1/5.000. Hoja 68), queda representado el término municipal del Rabal, en donde se encontraban la estación del Ferrocarril del Norte y la fábrica de la Oxhídrica.

Imagen 25.- *Plano Ciudad de Zaragoza y término del Rabal, del año* 1892.
(Imagen del autor).

72.- http://www.zaragoza.es/ciudad/usic/cartografia/plano_1892.htm (21.4.2020)

En el plano se sitúan las siguientes referencias: según (P. f. c.), puente del ferro-carril sobre el río Ebro, utilizado por la línea MZA que ponía en comunicación ambas localidades, la estación del ferrocarril de Guadalajara con la estación de los Caminos de Hierro del Norte, según (ECHN), de Zaragoza; según (P), el Puente de Piedra, unía Zaragoza y el término del Rabal (en el plano); según (1), carretera de 1er orden de Madrid a Francia, por la Junquera[73]; y, según (2), Calle Sobrarbe, antiguo camino de Francia.

En el siguiente plano, **Imagen 26**, (Archivo Municipal Montemuzo Zaragoza, (AMMZ). Copia parcial del Plano parcelario. 1910-20. Ref.: AMZ 4-2 Plano 0451), en donde queda indicada la ubicación de la fábrica de *La Oxhídrica*, con salida a la *Carretera de primer orden de Madrid a Francia por la Junquera*, (actualmente, Avda. de Cataluña), la cual daba continuidad a la carretera anexa al Polígono de Experiencias del Parque aerostático, (carretera de primer orden de Madrid a Zaragoza, ya referida), y, a su vez, ambos Establecimientos, (Polígono de Guadalajara y La Oxhídrica), también quedaban, enlazados por los caminos de hierro de la línea referida.

Imagen 26.- *Ubicación de la instalación de La Oxhídrica española*. (Imagen del autor).

73.- Continuación de la carretera de Madrid a Zaragoza por la Yunquera de Henares (Guadalajara).

En el plano se indican: según (a), la fábrica de La Oxhídrica Española S. A.; y, según (b), la carretera de 1er orden de Madrid a Francia.

• **Gestiones iniciadas por La Oxhídrica Española**

Las relaciones comerciales para el suministro de gas hidrógeno electrolítico por la Oxhídrica Española S. A., al Parque aerostático, se iniciaron en abril de 1907, cuando el Director gerente de la citada Sociedad se dirige, mediante carta, al Jefe del Servicio de aerostación ofreciendo el metro cúbico a 1'50^{pts}, en fábrica; el Parque debía de proporcionar los cilindros en los que se almacena el gas comprimido, así como los gastos del doble transporte de los mismos, desde la referida estación del ferro-carril de Guadalajara a Zaragoza, (ECHN), y vice-versa. El precio dado resultaba exagerado comparándolo con el precio que pagaba en Berlín el Batallón de aerosteros, 35$^{fa-niques}$, (al cambio, eran unas 0'50^{pts}), por metro cúbico de hidrógeno comprimido a 150^{atms}, por lo que la oferta dada por La Oxhídrica fue rechazada.

En el mes de noviembre, (1907), la Oxhídrica hace una nueva oferta, de 0'50$^{pts/m3}$, de gas hidrógeno comprimido a 150^{atms} y anunciaba que se estaban modificando las instalaciones y planteando lo necesario para poder suministrar el referido gas a mediados del siguiente año, (1908). El precio, incluyendo el doble transportes de los recipientes, por ferrocarril, con tarifa de transportes oficiales, sería de 0'90$^{pts/m3}$, precio que el Parque consideró económico y ventajoso.

Se aprovechó la circunstancia de que la Escuela Práctica, correspondiente al año 1908, había finalizado las maniobras aerostáticas desarrolladas, durante el mes de agosto, en *Jaca, Canfranc* y *Zaragoza*, por lo que se realizó una visita a las instalaciones de *La Oxhídrica*, y una vez comprobado que las instalaciones reunían las condiciones requeridas, se dejaron cien cilindros vacíos, para que fueran remitidos, a Guadalajara, llenos. La recepción de dichos cilindros, previa comprobación de la fuerza[74] ascensional del gas contenido y la determinación de la presión de carga de los cilindros se realizó en el Parque, certificando que el gas electrolítico comprimido, proporcionado por La Oxhídrica, reunía las condiciones deseadas.

74.- Las mediciones de la *fuerza ascensorial* se realizarían, bien con el aparato Schilling, bien mediante un pesado directo, con un pequeño globo tipo, lleno de dicho gas. La *presión* se mediría con los manómetros Gradenwitz correspondientes, admitiéndose, en dicha presión, una tolerancia del 5 por ciento.

De la actualización del Servicio de aerostación en España

La actualización del Servicio para la adaptación a las nuevas tendencias aerosteras conllevaba la necesidad de aumentar la disponibilidad de hidrógeno, bien almacenado, bien recurriendo a la fábrica particular.

Para la actualización del Servicio aerostático se publicó la R. o. de 9 de abril, (1908), por la que se cambió el nombre de *Compañía de Aerostación y Alumbrado en campaña* por el de «*Tropas afectas al Servicio de aerostación y Alumbrado en campaña*», organizándose éstas en las cuatro Unidades siguientes: *Compañía de aerostación*, en activo; *Compañía de alumbrado*, en campaña; *Compañía de fortaleza*, en cuadro, y *Compañía de depósito*. La segunda Compañía, además del alumbrado en campaña tenía a su cargo los Servicios de Parque, Fotografía, Almacén técnico, Producción y Compresión de hidrógeno, Construcciones, Reparaciones y demás anexos asociados al Servicio de aerostación.

La necesidad de hidrógeno fue marcada por las pautas de los desplazamiento que iban a tener lugar, bien como ejercicios de apoyo aéreo, para las prácticas de tiro, en Ceuta, bien como operaciones de apoyo aéreo en Melilla; de ambas se dan referencias en los siguientes apartados.

• La Escuela Práctica a Ceuta y la Aerostación expedicionaria a Melilla

En la conjunción del principio de la *libertad de acción de la atmósfera*, los *avances hacia la codificación aérea* y un *Reglamento aéreo*, se incluiría el *dominio del aire* en el concepto de frontera de Estado, además de frontera terrestre y de frontera marítima, poniendo la aerostación frente al derecho, por lo que cabía preguntarse ¿qué sesgo tomarían las relaciones internacionales ante una invención que eliminaba *fronteras*, suprimía *portazgos* y exaltaba el *libre cambio*? Cabe barruntar que los intereses puestos de manifiesto en el concepto de *Geografía Comercial*[75], entraban dentro de ese sesgo, por lo que se debieron debatir en la Conferencia Internacional de Algeciras[76], (1906), habiendo sido

---

75.- Publicación correspondiente a la Sociedad Geográfica de Madrid, de la que se vierten las siguientes líneas: "No es una geodesia abstracta, atenta sólo al estudio de los elementos astronómicos y geométricos del planeta, registra también los seres que pueblan cada latitud, […], sus mercados y las relaciones de equivalencia de unos productos con otros, los medios de comunicación y de transporte, etc.; engendrándose así esa economía de los pueblos, que llamamos *Geografía Comercial*". En España, la Sociedad Geográfica fue fundada en 1876, con el nombre de Sociedad Geográfica de Madrid, siguiendo el ejemplo de lo ocurrido en otros países dentro de las corrientes e ideas de la época que consideraban los contactos entre naciones, la expansión colonial, los descubrimientos y la Geografía, en definitiva, como un objetivo prioritario del quehacer de los países y de los Estados. Real Sociedad Geográfica – Desde 1876 promoviendo el conocimiento geográfico en todos sus aspectos (realsociedadgeografica.com) (13/01/2022).

76.- En el Acta general de la Conferencia Internacional de Algeciras, figuran como participantes, los representantes de los siguientes países: *Alemania, Austria-Hungría, Bélgica, España, Estados Unidos de norte América, Francia, Gran Bretaña, Italia, Marruecos, Países Bajos, Portugal, Rusia* y *Suecia*.

definido previamente, el canal de Tarifa, como zona pacificada de interés internacional, neutral y cosmopolita; aun así, se tenía en consideración que las prácticas de apoyo aéreo a la Artillería de campaña se iban a realizar en la parte norte occidental del continente africano sin abandonar suelo español.

Los ejercicios combinados o de apoyo aéreo de Aerostación a la Artillería, con la Escuela Central de Tiro, contaba con antecedentes, como los ejercicios realizados en Segovia, con Unidades aerosteras de Campaña y Sitio, en agosto, (1906), y en el mes de septiembre, (1907), con la Unidad aerostática de Fortaleza, en Pamplona.

- Ejercicios de apoyo aéreo en Ceuta

El traslado a Ceuta marcó las pautas para proponer dar solución a la necesidad de aumentar la capacidad de almacenamiento del hidrógeno, almacenamiento que se tendría que realizar, bien en gasómetros industriales instalados en los Parques, bien en cilindros especiales, y, a su vez, recurrir a la industria particular para el suministro de hidrógeno, suministro iniciado una vez finalizada la Escuela Práctica en Zaragoza.

En la siguiente PLANO, **Imagen 27**, (Centro Geográfico del E.T. YABELA 2. Hojas 2 y 3, "*CEUTA*". Mapa provisional E: 1/50.000. 1927), se indican, según (1), Llano de las Damas, y según (2), límite del campo exterior, en el arroyo de las Bombas con desembocadura en la playa del Tarajal.

Imagen 27.- *Plano de Yebala-Ceuta campo exterior.*

En la fotografía, **Imagen 28**, (AHEA. 1908. *"Vista aérea de la ciudad autónoma de Ceuta desde el Llanos de las Damas"*), la imagen captada durante los referidos ejercicios, corresponde a una parte de la ciudad autónoma de Ceuta, indicando sobre la imagen según (a), parte de la ciudad autónoma, y según (b), parte de las murallas reales con el foso de la ciudad autónoma.

Imagen 28.- *Vista aérea de una parte de la ciudad autónoma de Ceuta, desde el Llano de las Damas. Prácticas aerostación* 1908. (Imágenes del autor).

En el diario de Pedro Vives, de las actividades llevadas a cabo, quedan resumidas mediante la transcripción de las referencias siguientes: Desde el día 11 al día 13 de septiembre, se realizó el reconocimiento del terreno y se aparca en el llano de las Damas; el día 14 de septiembre, no hubo ejercicio; el día 15, se suspendió la inflación por la niebla; Día 16, niebla y viento de Levante, (húmedo y trae lluvia); día 18, Inflación para ejercicio de observación; día 19, se realizó el 2º Ejercicio; ascensiones de varios oficiales, observación del transporte de tiro, y el 3er Ejercicio se realizó por la noche, con dos ascensiones más. Los días 20, domingo, por la mañana, y 21, ascensiones particulares y observación del ejercicio. En las ascensiones particulares, en la primera subieron el General gobernador, García Aldave, y el Segundo jefe, General Zubía, y, en la segunda, el Faquir de la compañía de moros del Riff, (la prensa publicó que, desde la barquilla, pronunció la oración del mediodía); con ellos subió el Coronel Vives. El día 22, transporte del globo al límite del Campo exterior, al arroyo de las Bombas, aledaña a la costa litoral de la playa del Tarajal. Día 23, ascensiones y fotografías aéreas; finalizadas éstas se desinfló del globo, empaquetándolo con todos los elementos para iniciar viaje de regreso.

- Operaciones de apoyo aéreo en Melilla

A finales de julio, (1909), la Aerostación expedicionaria se traslada a Melilla, para reconocer las inmediaciones montañosas hasta esos momentos desconocidas, en apoyo a la campaña que estaba teniendo lugar. Una de las deficiencias geográficas que existía era la falta de caminos de rodadura para llegar a los lugares.

En la siguiente fotografía, **Imagen 29**, (AHEA. 1912. "*Campamento base de observaciones cautivas de aerostación desde globo cometa*". Sig. Dig. 121-27), campamento base con globo cometa anclado en el suelo.

Leyenda: Campamento Aerostación expedicionaria en la campaña de Melilla (1912)
- Cuerpo del globo cometa lleno de gas (1), anclado en el suelo y protegido del viento por las instalaciones
- Pila de cilindros de gas hidrógeno (2); al otro lado del globo, se encuentran los carros para cilindros

Imagen 29- *Campamento base globo cometa campaña de Melilla.* (Imagen del autor).

En la imagen se han situado las siguientes referencias: según (1), cuerpo del globo cometa, con los dos compartimentos, de gas y de aire, llenos, y anclado en el suelo; y según (2), apilamiento de cilindros de hidrógeno comprimido. Al otro lado, ocultos por el cuerpo del globo, se encontraban los carros para inflación y transporte de cilindros.

En la revista Memorial de Ingenieros del Ejército, (1909), se publica el artículo titulado: "*Las Tropas de Ingenieros en la campaña de Melilla*", en donde el autor describe la participación del Servicio de aerostación en apoyo a las operaciones que allí se estaban realizando. De ella son las siguientes referencias: "A Melilla se destinó una unidad de aerostación compuesta de dos globos cautivos, uno cometa tipo Parseval-Sigsfeld y otro esférico, con su correspondiente dotación de cilindros de hidrógeno comprimido y demás accesorios. Desde las primeras ascensiones, hechas a principios de agosto, se puso de manifiesto la importancia del servicio aerostático".

"El día 14 de agosto se desencadenó un fuerte temporal de viento que obligó a desinflar el globo y a suspender el traslado a la Restinga[77]. Hasta principios de septiembre fue un periodo de inacción de la aerostación, hasta que el día 10 de septiembre se trasladó el globo cometa a la Restinga; los cilindros se tuvieron que trasladar en embarcaciones por la Mar Chica. El día 29 del mismo mes, se tuvo que desinflar el globo porque de nuevo comenzó el viento." La altura desde la que se hacían las observaciones estaba comprendida entre 600^{mts} hasta 700^{mts}.

Respecto a la dotación de cilindros, con los que partió la Unidad aerosteras, fue de 450 cilindros de dotación, (160 en los carros de gas y 290 por separado), quedaban en el Parque 420 cilindros; estos estaban dispuestos para enviarlos a Melilla, cuando fuera preciso, o para constituir la dotación de gas de la 2ª Unidad que se organizó en Guadalajara, dispuesta a partir cuando y donde se creyera conveniente.

Nuevas referencias de la aerostación y la tentativa de enviar los aeroplanos, en Melilla, son las siguientes: El jueves once de enero, (1912), la Sección de

---

77.- Por condiciones meteorológicas imprevistas, de las muchas que se les presentaron, unas veces por los intensísimos vientos que ponían en grave riesgo al aerostato lleno de gas, y por los fuertes temporales de lluvia, tormentas, & (…), otras; es cierto que entre las 8 inflaciones de globo cometa realizadas en Melilla, Rostrogordo, la Restinga, Nador y otros puntos, solo permaneció el globo lleno unos 28 días, imponiéndose la desinflación en un corto plazo, que en circunstancias meteorológicas más favorables, con las 8 inflaciones se hubiera podido mantener el globo lleno 64 días, (Ya citado. 1910).

globos de Ingenieros se traslada a Melilla y, en el mes de marzo del mismo año, (1912), en pleno desarrollo de la Escuela Práctica de Experimentación y Enseñanza con aeroplanos, desde el Gobierno, *se tiene prisa en enviar la aviación a Melilla*, a lo que el Director de la aeronáutica propuso no acceder a tal solicitud.

No es de extrañar que en el libro que lleva por título: *"Reflexiones acerca de la campaña de Melilla"*, (1912), se publica el parecer del autor, del que se trasladan las siguientes referencias: "Más extensión hubieran abarcado los reconocimientos si hubiese sido posible disponer de dirigible y aeroplanos, elemento que lejos de ser antagónicos se complementan. [...].

El Servicio de aerostación resultó de gran utilidad para reconocimientos y observaciones; tanto más necesario cuanto se trataba de un país desconocido y no era posible recurrir al sistema de exploración lejana, [...]".

PARTE VIII (1908 – 1910):

EL MOTOR DE COMBUSTIÓN INTERNA SE APLICA A LA AERONÁUTICA

Desde París, el 18 de junio de 1909, J. Vernes facilitó al Agregado Militar en la Embajada de España en París, para conocimiento y traslado al Servicio de Aerostación, referencias de los Globos dirigibles que se venían experimentando. Por su volumen y característica, estaban clasificados en: Tipo A (1.855^{m3}), Tipo B (1.525^{m3}), Tipo C (1.260^{m3}), de *forma elipsoidal asimétrica* y el Globo dirigible de 5.500^{m3}, de *forma elipsoidal disimétrica*.

Nuevo escenario aeronáutico: *Globo-dirigible* y *Aeroplano*

Las condiciones generales que se requerían para trasladar el *barco aéreo*, (globo-dirigible), de uso militar, junto con los elementos de apoyo para los nuevos escenarios temporales, eran: *no ser de armadura rígida* para ser de fácil transporte; *tener una velocidad* de avance de 13$^{mts/s}$ y *mantenerla* durante unas 10^{h}, con un mínimo de cinco personas, entre tripulantes y pasajeros. Del aeroplano, su inicio fue en escenarios *sportivos*; para llegar a los mismos, requería ser embalado para su traslado.

•¿Cómo se explicaba la relación del globo-dirigible con el aeroplano?

A finales de la primera década, (1909), el vuelo del aeroplano se explicaba, utilizando los conceptos técnicos de aerodinámica para relacionarlo con el límite a la indeformabilidad del dirigible en pleno vuelo; es decir, al considerar que para equilibrar la presión producida por la marcha, manteniendo invariable la forma del globo-dirigible, (condición indispensable), se debía de aumentar la presión del hidrógeno, dentro de la envolvente, y hacer más fuerte la tela, teniendo que multiplicar los planos estabilizadores, y, llegaba el momento, (en su desplazamiento por el Océano del aire), en que se consideraba que el globo-dirigible ya no necesitaría más la fuerza ascensional y ésta se eliminaría por sí misma, concluyendo que bastaba el efecto sustentador del choque del aire contra las superficies planas, (estabilizadores), convenientemente dispuestas, llegándose de forma *natural* a pasar del globo-dirigible al aeroplano.

• **Del interés por el globo-dirigible y del aeroplano**

Al estar presente el globo-dirigible en el ámbito internacional, como nuevo sistema para la aerostación militar, fue momento para que desde el Gobierno se considerase la conveniencia de ensayar el nuevo sistema de navegación, votando en las Cortes, a finales de 1908, un crédito para proceder a los estudios previos y a la adquisición de un globo-dirigible, llevando a cabo la preparación de los medios complementarios, como eran la *preparación* del terreno, *estaciones*, (hangares), y *otros*, por el creciente y rápido progreso que venía teniendo la industria relacionada con el globo-dirigible.

De la Comisión para estudiar el *Globo-dirigible* y el *Aeroplano*

El 31 de diciembre, (1908), después de una larga conversación con el *Gral. Marvá*, éste accedió que se estableciera una Comisión, por el *Col. Vives* y el *Cptan. Kindelán*, para estudiar los dirigibles y el aeroplano y que se estuviera el día 11 en Londres, vía París.

Del diario, ya referido, en donde se describe la Comisión que se llevó a cabo, se trasladan las siguientes referencias:

• **Comisión a París y Londres**

El 5 de enero salida de Madrid, vía Burgos, a Francia por Hendaya. El 7 de enero, (1909), se llega a París a las 12^{h}15^m; se solicita rendez-vous a: *Surcouf*; *Pesce*; *Julliart*; y *Tissandier*[78]; visita al aeroclub. *Tissandier* gestiona entrevista con *Hart O. Berg*. Al día siguiente, visita al barracón en *Sartrouville*, (Montesson), y a [los talleres de *Éduard*] *Surcouf*; por la tarde, en la Embajada, y conferencia con el conde *de la Vaulx*, entrevista con *Mr. Hart O. Berg*, y *Mr. Julliart*.

El día 9, sábado, por la tarde en Londres. Día 10, carta al Agregado *D. Julio Vicens*; a *Torroja*; entrevista con *Buller* y *Perrin*. Día 11, embajada; tarde, conferencia detallada con *Kindelán*. Día 12, *Patrik Alexander*; sesión por la mañana y por la tarde terminado lo de la FAI; conferencia con *Mr. Wallaces*. Día 13, esperar orden visitar Farnborough; mañana, museo, *Cónsul*, *Agregado*; tarde, poner en orden papeles, &. Día 14, visita a Farnborough; comida con *Tte.Col. Capper*; regreso a Londres, túnel bajo el Támesis; cartas a París y a [*Stanley*] *Spencer* [fabricante de globos dirigibles]. Día 15 viernes, mañana, Westmister Abbey-Sala Museum-United Serviced-National Gallery,

---

78.- Los hermanos Tissandier, en 1883, utilizaron un motor eléctrico para la dirección de los globos. (Cubillo y Fluiters. 1909).

notas de la visita. Día 16, sábado, Zoological garden-Hyde Park-Houses of Parliament. Salida de Londres a las 14^h20^m, por Folkeston a Boulogne (Francia); llegada a París a las 22^h.

• Comisión a París y Luxemburgo

Al día siguiente, domingo 17, en París, Montmartre- M. Chapelle, [Museo de] Cluny [o Museo de la Edad Media de París, en el barrio Latino]; Jardín de [las] plantas [de París]; cartas a: *Julliot, Farber, Surcouf* y *Pesces*, (de París); con *Col. Lauchiz* y *Major Groos*, (de Berlín). Al siguiente día, 18 lunes, cartas a: *Santos Dumont, Besançon, Hart O. Berg, Parseval, Hildebrandt, ¿Ischudé?* y *Cte. Mores.*

Visita al parque del Aeroclub para ver el globo, [dirigible], del conde *de la Vaulx*; visita a una fábrica de obtención de hidrógeno por el método Laue, (Dellwick-Schleicher, en Franckfurt sur le Main, [Alemania]), método nuevo en Francia, produce $100^{m3/hora}$, se suministra a la aerostación militar; visita a los talleres de *Mr. Mallet*. Día 19, por la mañana, *Pesce*, talleres *Voisin, Farman*; por la tarde, se reciben propuestas de *Leabaudy*; museo del Louvre; cartas a: *Gral. del Campo, Leabaudy, Col. Capper*. Día 20, estudio y objeciones a la propuesta de *Leabaudy*; Consulado y Embajada; visita de *Pesce* con fotografía de dirigible italiano; entrevista con *Leabaudy* y *Julliot*[79]; visita de *Santos Dumont*. Día 21, Luxemburgo; cartas a *Surcouf*, y al ingeniero de *Clement Bayard*; *Santos Dumond*; visita a *Bleriot* en Issy des Moulineaux. Día 22, conferencia con *Besauçon*; visita del *Cte. Rivas*. Día 23, sábado, viaje a Reims; cancelada la visita con *Mr. Brabazon* y *Mr. Voisin*.

• Comisión a Alemania

Domingo día 24 de enero, salida de Reims a Alemania por Noveant; en Frankfurt, a las 22^h. Día 25, entrevista con *von ¿Ischund?* y visita al gran local de la exposición con *Cptan. von Kehler*. Salida para Berlín a las 22^h28^m. En Berlín, día 26, visita al Ministerio, *Col. Lauchiz*, presentación al Embajador; aeroclub con *Cptan. Kehler, Gral. Nieber, Tte. Col. Moebedeck* y *Gradenwitz*; con *Kehler* a Tegel, [Polígono de aerostación], dejando planeada la proposición; precio dirigible, 225.000^{marcos}, se podría rebajar a 200.000^{marcos}. Visita a *Hilderbrandt*. Al día siguiente, miércoles, a Tempelhof con *Hildebrandt* y *Lipteld*, para ver instalaciones y desembalar aeroplano, barracón pequeño.

79.- Autor de los planos de la serie de globos dirigibles Leabaudy. (Ídem).

Comida en el batallón aerostero en Tegel. El jueves, 28, a Tegel con *Moebedeck* para ver salir el globo dirigible Gross[80], en la visita del *rey de Sajonia*; no pudo salir el dirigible por mal tiempo; visita a la *Casa Neue Automobil Gesellschaft*, (NAG); Embajada; a Tempelhof, poquísima visibilidad, apenas levantó el vuelo, (carta del *Sr. José Comas* y *Solá*, Presidente de la Asociación de Locomoción Aérea, [ALA], de Barcelona). Día 29, viernes, visita a la *Casa NAG*, para ver motor de Parseval, redacción del ilustre aeronauta y ver tipos de barracones, casi todos de 43^{mts} de ancho y 20^{mts} de alto, hay gran variedad, alguno llega al 1.000.000^{marcos}; concurso de Zeppelin; tarde, *Col. Lauchiz*, se espera respuesta del Embajador. Sábado, día 30, visita al Batallón de aerosteros con el *Mayor Gros*; estaba nevando, no salió el dirigible; por la tarde, visita al globo de madera, del arquitecto *Rettig*, en Friedrischafen; carta el *Gral. Marvá*, (2ª carta). Domingo, 31 de enero, Palacio, museos; estudio proposiciones de *von Kehler*.

Lunes, 1 de febrero, visita barracones para globos de *Müller*; visita a la fábrica Siemens-Schuckert, en Nüremberg, (Baviera); almuerzo con el *Embajador*. Visita aeroplano de *Zipfel*, voló por primera vez; conferencia con *von Kehler*, Sesión en la Sociedad aerostera *Berliner Verein für Luftschifahrt*; proyecciones de aeroplanos por el *Prof. Rumpler*. Martes, día 2, visita al barracón de Parseval, en Tegel, para ver la maniobra de las lonas de cierre; conferencia en el casino de oficiales con el *Major Sperling*; almuerzo con el *Col. Lauchiz*, y visita al *Gral. Inspector de tropas de Comunicaciones*, se autoriza visitar las instalaciones y subir en el dirigible; van a volar con *Liftell*; telegrama recibido por el *Col. Lauchiz* echándose atrás del permiso para realizar la visita; telegrama a *Moris* y *Maura*, (Roma), anunciándoles que llegarían durante la semana.

Día 3, miércoles, amanece nevando, no sale el dirigible por mal tiempo; *Col. Lauchiz* va al Ministerio, a Inspección General, y no se aclara la vuelta atrás [a la visita autorizada], el *Ayudante del Inspector General* asegura que no se lo explica; deciden marchar por la noche a Estrasburgo. Salida de Berlín, en tren a las 9^{h}38^m post meridian (p.m.), [21^{h}38^m], a Estrasburgo. Llegada a Estrasburgo a las 10^{h}30^m del día 4, jueves; en el tren se encuentran al *Dr. Hergesell*, [Presidente de la CIAC]; almuerzo con *Hergesell*, hablan de **Canarias**, **Dirigible** y **Mónaco**.

80.- El dirigible *Von der Gross-Basenach*, estuvo 13^{horas} de vuelo seguidas, recorriendo 500^{km}, de Berlín a Magdeburgo y vuelta. (Ídem).

• Comisión a Italia

Día 4 de febrero, salida de Estrasburgo a las 3^h30^m p.m., [15^h30^m], en tren para Roma, por Luzerna y Milán. A Roma, sábado día 6, expresos a Moris y Manzanos; Panteón y Minerva; presentación Embajador; visita al Cuartel de la Brigada de Especialistas; recibieron visita del *Col. Borgatti*; coordinar *Manzano* y *Embajador*. Domingo, día 7, Vaticano; visita lago Bracciano; comida con *Moris, Ricaldone* y *Tte. Col. Manzano*; al regreso hablan con *Cptan. Cartangeni* de la FAI. Lunes, día 8, Foro Trajano, Foro Romano, &; visita Sección radio-telegráfica en el cuartel; Ascensión de [ilegible]; museo Capitolino; Cuartel Juan Contono, Taller del dirigible, visita a la Balduina, [barrio de Roma en la ladera sur del monte Mario]; comida con el *Tte. Col. Manzano, Kindelán* y varios *oficiales de la Brigada*. Día 9, martes, mañana, Castel de Sant'Angelo, con *Col. Bongatti*; almuerzo con el Embajador, (*Pérez Caballero*); visita al Monte Mario; comida con *Tte. Col. Manzano* y con *Capitanes. Ricaldoni, ¿Lignorino?, ¿Tardivo?* y *Petrucci*. Día 10, miércoles, febrero, [Archibasílica] de San Juan de Letrán, Sta. María la Mayor, Museo Termas; Diario de Operaciones. Día 11, jueves, Vista al *Papa*; despedidas; [Basílica de] San Pablo [Extramuros]; [Iglesia Domine] Quo Vadis. Salida a las 18^h15^m a Suiza, por Chiasso.

• Comisión a Suiza y Alemania

El día 12, de febrero, amanece nevado en el tren; se llega a Suiza a las 10^h; salen por el lago Constanza, [Bodensée], a las 4^h30^m p.m.; llegada a Friedrischafen, a las 5^h30^m p.m. Sábado 13, visita a la instalación militar de Zeppelin, con el *Tte. Masius*. Salida de Friedrischafen, a las 13^h52^m a Ulm; transbordos en Aalen y Nüremberg. Domingo, 14, en Liepzig, a las 7^h; salida de Liepzig a las 12^h; llegada a Bitterfeld a las 12^h45^m; *von Kehler* se marchó a Berlín. Cartas a: *Col. Lauchiz* y *Major Gross*, para entrevista los días 17 y 18, en Berlín; a *Brabazon*, para el día 20 en Reims; *Surcouf*, para 22 y 23, en París; quedaron pendientes de enviarlo a *Hart O. Berg, Farman* y al ing. *Gensool* de la Casa Astra.

Día 15 de febrero, lunes, amanece mal tiempo, va el *Tte. Sttelling*, acuerdan regresar a Berlín; salida de Bitterfeld a las 12^h57^m; llegada a Berlín a las 14^h38^m; comida con *von Kehler*, hablan de precio, proponiendo 180.000^{marcos}, las condiciones venían sin precio, se regatea el precio ofreciendo entre 170.000^{francos} y 180.000^{francos}; las condiciones venían sin cifras y quedó en terminarlas; 3ª carta al *Gral. Marvá*. Día 16, gran nevada en Bitterfeld; visita al *Col. Lauchiz*; carta de *Gross* diciendo que pueden hacer ascensión; cartas a *Rojas, Farman, Hart O. Berg*; invitaciones de *Gross* y *Moebedeck*; para el día siguiente, a las 10^h, si hace buen tiempo, ascensión. Conferencia sobre dirigibles en Urania [Berlín] por el *Ing. Ausbert*, con proyecciones. Día 17, miércoles, a las 10^h a Tegel para tentativa de ascensión; por viento se aplaza para el día siguiente; comida con *Moebedeck* y *Gross*. Jueves, 18, visita a Tegel, ascensión en el dirigible, (*Major Gross, Major Sperling, Ing. Bassenack, Kindelán* y *Vives*, con el *auxiliar de Bassenack, y dos mecánicos*), se voló desde las 11^h a las 11^{h}25^m, llegada a Spandau y regreso, les separan unos 13^{km}; no van a Bitterfeld porque hay mucha niebla; quedan en ir al día siguiente. Viernes, 19 de febrero, viaje a Bitterfeld, salida de Berlín a las 7^{h}20^m, llegada a Bitterfeld, a las 9^{h}11^m, con *Cptan. Kehler*; telegramas a *Voisin* y *Farman*, (París y Mourmelon); ascensión en el Parseval con *von Kehler, Tte. Stellrig, Vives*, un *Ing.* y 2 *mecánicos*; *Kindelán* observa desde el suelo; vuelo desde las 11^h hasta las 12^{h}45^m; se da la vuelta a Bitterfeld, a las 11^{h}12^m, a 320^{mts}, casi se pierde de vista la tierra, desorientados; a las 11^{h}45^m, recuperan orientación, reconociendo de nuevo Bitterfeld; se hace la reconstrucción del viaje con los datos de *Kindelán* y las noticias telefónicas habidas durante el viaje. En la 2º ascensión, tenía que haber subido *Kindelán*, pero no se realizó por viento y niebla; se aplazó para el siguiente día, según las condiciones meteorológicas. Al día siguiente, sábado 20, se intentaron ascensiones por la mañana y por la tarde, pero por viento no se pudo subir; por la tarde, trabajo de gabinete y estudio propuesta de Astra; carta al *Gral. Marvá*. Salida de Bitterfield a las 9^{h}57^m, cambios de tren en Röslau y en Hannover.

• Comisión a París

Domingo 21 de febrero, llegada a Colonia a las 7^{h}42^m; visita Catedral; salida de Colonia a las 9^{h}10^m; llegada a París a las 18^{h}30^m. Lunes, día 22, visita de *Kapferer*, para decir que se había telefoneado a *Clement Bayard* para concertar conferenciar por la tarde; estudio proposiciones de Astra y nota detallada; conferencia con *Kapferer*, se le entregó la nota; queda en contestar el miércoles. Visitas de *Bonttenier* y *Pesce*; conversación con *Bonttenier*. Martes 23, en París, telefonean que no se puede subir por mal tiempo; telegrama de *Hart O. Berg* reexpedido de Berlín; carta de *Hergesell*; escritos a *Marvá, Rodríguez* y *Gordejuela*; Trabajo de gabinete; comida con *Cte. Bonttenier* y *Cte. Voyer*. Día 24, con *Kapferer* a Sartrouville, hace viento, entre 9$^{mts/s}$ y 7$^{mts/s}$, medidos en la Torre Eiffel; almuerzo en Maisson Lafitte; sigue el viento y se regresa a París; Consulado, se espera a *Pesce*; motor ¿Chenu?; conferencia con *Pesce*, sobre el Leabaudy, presentando nuevas propuestas, por si se comprara otro globo [dirigible] más adelante.

Día 25, jueves, esperando el aviso telefónico de *Kapferer*; trabajo de gabinete; nevando, mal tiempo; por la tarde, conferencia con los *hermanos Leabaudy* en sus oficinas, proyectando ir a Moisson[81], al día siguiente; conferencia con el *Mr. Charrène*, constructor de hélices de madera, (nogal); comida con el primo de *Kindelán*, (*Conde Henri Declerq*). Día 26, viernes, hace viento, a Moisson con *Mr. Raul Leabaudy* y *Mr. Julliot*; Conferencia con *Kapferer* sobre las proposiciones Astra, rechazan condiciones recepción: noche-altura- ¿estación?, campo raso.

Sábado, 27, amanece nevado, inicialmente no se podía hacer nada, pero después avisan que sí; el tiempo en París muy malo; *Kindelán* se va para realizar la ascensión en el globo, confusión en el Hotel al no avisar a *Vives*, estuvo esperando hora y media; La ascensión había tenido lugar en Moisson, desde las 12^h24^m hasta las 12^h45^m; *Vives* salió de París a las 13^h, en automóvil; dio un gran rodeo porque el "chauffer" no sabía el camino, llegó a las 14^h15^m cuando los aerosteros ya habían regresado; en París a las 15^h, en el Hotel se encuentran a 3 aeronautas; visita al *Mr. Guillemont*, Ing. de Clemont, para hacer otra ascensión que se concedió; Visita del *Mr. Echellier*, de Continental, quedó en remitir información. Domingo, día 28, ascensión en el *Clemont Bayard*; visita de *Mr. Guillemont*, haciendo una proposición de dirigible que remitirá a *Kindelán* a Madrid, enseguida; salida de París a las 7^h40^m para Pau.

Lunes, día 1 de marzo, llegada a Pau a las 9^h45^m, con retraso; conferencia con *Hart O. Berg*; al campo de aviación, vuelo en aeroplano Wright durante 8^m con el *Conde Lambert*, (vuelo de 20^m y 23^m; *Wright* y *Tissandier*), incidente en la salida, se inutiliza el aparato. Martes, 2 de marzo, trabajo de gabinete, se sabe que el Rey va a Ceuta, [en la Comandancia de Ingenieros de esta localidad estaba destinado el *Col. Vives*], la comisión anticipa el regreso. Día 3, miércoles, salida de Pau a las 6^h.

Inicio de la Memoria de la Comisión del *Globo-dirigible* y *Aeroplano*

Miércoles, día 3 de marzo, llegan a Irún a las 10^h; salida de Irún a las 14^h7^m; jueves día 4, llegan a Madrid a las 7^h25^m; presentaciones, &. Salida de Madrid a las 20^h20^m. Día 5, viernes, llegada a Algeciras a las 17^h30^m; comida con el Rey para darle cuenta de la comisión. Día 6, salida de Algeciras las 7^h30^m; llega a Ceuta 9^h30^m; presentaciones, [incorporación al destino al haber finalizado la comisión], preparativos visita del Rey a Ceuta.

Domingo día 7, se espera al Rey pero no viene por mal tiempo. Lunes día 8, visita del Rey a Ceuta, llegó a las 11^h y se marchó a las 17^h. Martes, día 9,

---

81.- Localidad en donde se encuentra el Parque aerostático construido expresamente, para el objeto de experimentación, por Mr. Leabaudy. (Ídem).

en Ceuta. Miércoles, día 10 salida de Ceuta a las 14^{h}30^m; llegada a Algeciras, a las 16^{h}30^m. Día 11, jueves, salida de Algeciras a las 6^{h}45^m. Día 12, viernes, llegada a Madrid a las 7^{h}10^m; primer telegrama a *Müller*.

Se informó que: "era el momento de contar con los servicios de dirigibles, susceptibles de prestar grandes e inmediatas aplicaciones, y de ponerse en condiciones de utilizar también los aeroplanos que si bien no tienen aplicaciones militares actuales, están llamados a tenerlos muy en breve"[82]. Así mismo, entre otros aspectos para la organización, se propuso que por el Servicio aerostático se adquiriera un dirigible tipo *Parseval*[83], y se activase todo lo referente al establecimiento previo, como era la construcción de un hangar y se organizara la Escuela Práctica para ese nuevo servicio específico del dirigible.

Día 13, sábado, se inicia la Memoria de la Comisión, llega *Kindelán*. Día 14, domingo, segundo telegrama a *Müller*; carta a *Wright*. Día 15, lunes, **oficio al Ministerio proponiendo ir a Pau**, para que se realizara el estudio teórico y práctico del aeroplano Wright; telegrama a *Kehler*.

Día 18, a Madrid para conferenciar con el *Gral. Marvá*. Día 20, en Madrid, presentaciones; conferencia con el *Gral. Marvá*, ¿Cloutl? Marqués de Aulencia; salida a las 20^{h}50^m con *Herrera* y *Molinello*. Día 21, domingo, en Burgos se une *Kindelán*; entrada a Francia por Hendaya a las 12^{h}30^m.

• **Comisión a Pau**

Día 21 de marzo, (1909), llegada a Pau a las 17^{h}50^m; entrevista con *Wright*. Día 22, lunes, larga conferencia con *Kehler* sobre el Parseval; presentación; por la tarde en el campo de aviación, no hubo vuelos por el mucho viento, entre 14$^{mts/s}$ y 18$^{mts/s}$. *D. Domingo de Oruets*, ing. de minas, de Gijón, trata de establecer pabellón de aeroplano; hablamos con *Wright* (Consul [ta]). Día 23, en el campo, no se puede hacer nada por el mal tiempo, *Wright* se va y nosotros también. Salida de Pau, a las 18^{h}23^m; entrada a España por Irún, a las 22^{h}30^m.

82.- Ya citado. Ídem. Sig. N 1866-9. 1909.

83.- Diseñados por *August von Parseval*.

PARTE IX (1909 – 1911):

DEL GLOBO-DIRIGIBLE ESPAÑA, AEROPLANO FARMAN Y EL OBSERVATORIO AEROLÓGICO EN EL TEIDE

Nuevos datos para la Memoria: *Cañadas del Teide* (CIAC)

Miércoles, día 24 de marzo, llegada a Madrid a las 14^{h}23^m. Conferencia con *Gral. Marvá*. Día 27, a Madrid, reconocimiento Retamares. Día 28, domingo, en Guadalajara por la mañana; despedida del *Gral.*; por la tarde a Alcalá. Lunes, día 29, en Madrid con *Gordejuela* a esperar a *Hergesell*, no se sabe nada del viaje. Día 30, por la mañana al Ministerio; regreso a Guadalajara. Día 31, miércoles, en Guadalajara; salida en tren a las 19^{h}10^m. Jueves día 1 de abril, (1909), paso por Barcelona a las 9^{h}12^m; escribe al *Gral. Marvá* y al *Gral. Campos*; al primero, telegrama sobre los puntos siguientes: 1°) admisión barracón, 2°) permiso salir al extranjero, 3°) **orden telegráfica Canarias** para empezar y 4°) viaje de *Gordejuela* para tomar datos y observaciones mayo (**Cañadas del Teide**). Entrada a Francia por Cerbere a las 13^{h}20^m.

• **Comisión a Francia**

Jueves, día 1 de abril, (1909), llegada a Marsella, (hotel), a las 22^{h}18^m. Día 2, salida de Marsella a las 5^{h}10^m; llegada a Montecarlo a las 10^{h}30^m. Observatorio Kecs Remét, entre el río Danubio y el Tisza, a unos 100^{km} de Budapest. Visita a *Hergesell*; conferencia en el museo oceanográfico, [Mónaco], *Hergesell* presidente [del museo]; Excursión a Niza, a las 12^{h}15^m, en auto. Martes, orden del día, proposición de *Köppen* sobre sustitución de medidas barométricas. Día 3, sábado, conferencia mañana y tarde. Día 4, domingo, excursión en auto al observatorio de Niza. Día 5, lunes, por la mañana, reunión de la comisión de la red mundial; por la tarde, sesión. Día 6, martes, por la mañana, sesión **Canarias**; por la tarde, resolución. Se realizan varias pruebas.

Día 8, salida desde Montecarlo, a Cette. Al día siguiente, viernes día 9, salida para Marsella, a *Hergesell* se le dijo que no estaba conforme con la nueva medición de la condición 3ª, proponiendo restaurar la antigua y dejar la nueva para otro cuestionario. Le comentó que hacía falta revisar las pruebas y las mandase a Guadalajara con la redacción que propusiese para verla antes de darla como definitiva. Le requirió que le telegrafiara a Pau.

Llegada a Pau a las 17^{h}49^m. Recibe telegrama de *Hergesell* aceptando la proposición, [de Vives]. Visita a *Tissandier* y a *de Laubert*. Mañana prueba de la cadena, haciendo marchar el motor. Día 10, trabajo de gabinete. Tarde aviación, arreglo de los carriles; el motor da 1.250$^{rev/min}$ en lugar de las 1.400$^{rev/min}$.

Prueba aeroplano *de Laubert*, está 4^{m}30^s en el aire; descenso muy bueno; vuela muy bajo. No se atreve a subir con *Vives* por falta de fuerza del aeroplano; lo deja para el próximo lunes. *Tissandier* cree que puede intentar el vuelo con *Garnier*, salida buena, viraje difícil, casi toca el suelo; está menos de dos minutos en vuelo. Lo dejan para el lunes a las 6^{h}30^m. Lunes 12, vuelo con *de Lambert*, desde las 7^{h}30^m hasta las 7^{h}35^m; 1.200$^{rev/min.}$ en lugar de 1.400$^{rev/min.}$; *Kapferer* proyecta una ascensión en esférico para mañana. Se reunieron *Tissandier, de Lambert, Rotch, Kapferer* y *Vives*.

Ampliación de datos para la Memoria: *Acta de Canarias* (CIAC)

Salida de Dax para entrar a España por Irún. Llegada a Madrid el día 13, a las 14^{h}23^m; conferencia con *Gral. Marvá, Kindelán* y *Rodríguez*. Día 14, miércoles, se pone en limpio lo de **Canarias**. Día 15, llevó en limpio después de conferenciar con *Gral. Marvá*, tres documentos, **lo de Mónaco**, **Diario de operaciones**, participantes, y **Canarias**.

Día 5 de mayo, salida de Madrid a Ceuta, vía Algeciras; llega a Ceuta el día 7, a las 9^h. Día 14, reconocimiento camino Sierra de Bullones; día 15, reconocimiento Guardianas [fuertes en la línea de demarcación del campo exterior]. Día 17, lunes, conferencia con los moros notables del gobierno de Marruecos.

Día 12 de junio a Madrid, con *Gordejuela*, Junta para **observatorio aerológico de Tenerife** con *Mier* y el *Tte. de navío López Barril*; por la tarde barracón Retamares. Día 13, 2ª **Junta Canarias**. Día 18, sábado por la tarde, revisar **acta de Canarias**, en casa de *Mier*. Día 19, se entregó el **proyecto de barracón** al *Cte. Toro*, yendo por la tarde a Retamares. Día 20, conferencia con los comandantes y capitanes para la organización de las dos unidades; el *Gral. Antúnez* quedó convencido. Día 22, **firma y entrega acta de Canarias**.

• **Comisión a Francia**

Martes, día 7 de julio, salida de Madrid a París. Miércoles día 8, conferencia con *Kindelán* para ponerse al día. Visita a *Barbier*, conferencia transporte; carta al *Gral. Marvá*. Día 9, jueves, *Casa Panhard*[84]; *Casa Barbier*; *Col. Renard*[85], experiencias, se encargan definitivamente proyectores; carta al *Gral. Campos* con instrucciones de lo visto en la Casa Barbier. Sábado 11, respuesta de las *Casas Bordé* y *Richard*; barracones desmontables Dubois. Visita barracón Issy, con *Chauviene*. Datos transporte Melilla, *Guillamon*, Ing. Astra, acordamos salir mañana a Meaux. Día 12, salida de París a Meaux y en coche a Beauval; conferencia con *Surcouf*; carta al *Gral. Marvá*, con notas de los barracones tipo Chenau y tipo Dubois, transportes.

Día 13, lunes, en Meaux, faltaba permanganato; se colocó el motor en la barquilla, se aparcó el globo [dirigible]; llegó el permanganato solicitado. De regreso a Beauval, funcionaba el generador y los aparatos de control, pero no se echaba gas al globo hasta haberlo vaciado de aire.

Día 15, telegrama del *Gral. Marvá*, diciendo que no puede fijar donde se mandarán barracones. Día 16, jueves, al inicio de la mañana, se les notifica que el globo-dirigible ha reventado; reconocimiento del globo-dirigible y toma de datos. A París, conferencia con *Surcouf* y prueba de las telas, resultado bien; regreso a Meaux. Día 18, a Beauval, comienza la reparación del globo. Día 19, en Beauval, no se pudo visitar el interior del globo porque *Surcouf* dijo que era peligroso. Día 20, empieza a entrar el gas, se observa que el 4º tubo superior izquierdo doblado a 20^{cmts} de la unión anterior, los dos verticales ligeramente flexados. No se notó antes porque la lona no se quitó de encima de la barquilla hasta esta mañana. Día 21, el dirigible con unos 800^{m3}.

De la Memoria de la Comisión del *Globo-dirigible* y *Aeroplano*

El Servicio de aerostación, al contar con un dirigible, y disponiendo estaciones en Guadalajara y Cuatro Vientos, buscaba dos objetivos, estos eran: *De la experimentación* conseguir el tipo de dirigible más idóneo para el accidentado terreno de la península y *Dar la instrucción* necesaria al personal.

84.- Dicho establecimiento proporcionó el motor al dirigible *Patrie*, construido en 1906.

85.- El Col. *Renard* y el Cte. *Krebs*, siendo Capitanes diseñaron el dirigible *La France*, con el que, el 9 de agosto de 1884, consiguieron, por primera vez, cerrar el circuito de navegación, demostrando la posibilidad de dirigir el globo.

La tendencia seguida, de ir aumentando el volumen de dichos globos, obedecía a la tentativa de poder colocar motores con mayor potencia que permitiesen *aumentar* la *velocidad propia*, el *peso útil* que pudiera elevar y la *altura de seguridad* que pudiera alcanzar sobre el terreno.

• **Del globo-dirigible** *España*

De la memoria presentada de fin de la Comisión, desde el gobierno se decidió la adquisición de un globo dirigible a la Casas Astra de París, cuyas pruebas de recepción tanto en Francia como en Guadalajara, estuvieron llenos de percances, dados a conocer en la Memoria correspondiente, formulada por la Comisión de recepción del dirigible.

El 24 de febrero, en copia del telegrama, enviado desde Pau por el jefe de la Comisión de recepción del globo-dirigible, solicitando la confirmación de la aceptación a la propuesta hecha por la Casa constructora Astra, de terminar los ensayos de recepción en Guadalajara, *transportando material* a cuenta suya, *pagando* el gas, *pagando provisionalmente* aduanas, *reduciendo* duración ascensión por mayor altura de Guadalajara, *enviando por cuenta suya* personal técnico necesario. Siendo los últimos ensayos a realizar en Guadalajara; éstos finalizarían, como máximo, antes de cuarenta días, una vez iniciados. Estas condiciones se aceptaron por parte de la Casa, después de varias horas de negociaciones, pero a condición de no realizar el viaje aéreo desde Pau a Guadalajara.

Inicialmente se presuponía que el dirigible España haría un viaje aéreo desde Pau a Guadalajara, por lo que se solicitó un apoyo logístico. Uno de los aspectos que se contemplaban era que en el campo de instrucción de Gamonal, en Burgos, entre varios elementos de personal y material, estuvieran cien cilindros con cepo y colectores, por si requería completar la inflación. Tal disposición de apoyo al viaje en globo-dirigible, no hizo falta porque tal traslado se canceló.

• **De la recepción del globo-dirigible** *España*

Una vez que se determinó, por el Ministerio, la compra del dirigible tipo *Astra*, las pruebas de recepción se iniciaron a primeros de septiembre, (1909), realizando siete ascensiones. El 8 de mayo, (1910), por la dirección de la Casa Astra, el *Sr. Henry Kapferer* y la Comisión receptora del dirigible, firmaron en Guadalajara la recepción del globo dirigible *España*, haciendo constar en el acta de recepción, varias características del dirigible, de las que se entresacan las siguientes referencias: 1º) El dirigible en la ascensión del 5 de mayo, (1910), demostró plenamente su capacidad para elevarse a 1.400^{mts} sobre el mar y mantenerse en esa altura en condiciones, aunque en ese día no pudo cumplirse literalmente por viento fuerte en altura. 2º) La Casa Astra, solicitó que se diera por hecha la prueba de altura, obligándose, por su parte, a facilitar gratuitamente todo el material de reserva y reparaciones puesto en Guadalajara. 3º) Entre los pagos que se realizaron, estaban los gastos de aduana adelantados por la Casa Astra. 4º) Los gastos pendientes de abonar a la Casa Astra, se realizarían una vez que entregase el material convenido y los planos completos del dirigible; firmándose la liquidación al día siguiente en Guadalajara.

En la comunicación de la recepción, se informó que se realizaría una campaña del dirigible para aprovechar el gas contenido en la envolvente y como Escuela de pilotos, para ello se tenía que presentar y ser aprobado, el proyecto de Escuela práctica de dirigible, mientras tanto, la referida campaña para estudiar la experimentación de las posibilidades que presentaba para los nuevos servicios aerostáticos, se llevó a cabo en Guadalajara, hasta el 23 del mismo mes de su recepción, continuando los estudios en el mes de julio.

- **Algunas de las vicisitudes del dirigible *España* durante el periodo de recepción en Guadalajara**

A finales del mes de mayo, (1910), se percibió que existían, en el globo-dirigible, significativas pérdidas de presión y fuerza ascensional. Una vez notificado a la Casa Astra, ésta envió personal técnico para solucionarlo; mientras tanto, en el Parque aerostático se efectuaba la vigilancia y mantenimiento del mismo en el hangar y se aplazaron los ensayos previstos.

El día 21 del mismo mes, se personaron el representante de la Casa Astra, *Mr. Hospitalier*, acompañado del representante de la Casa Continental constructora de la tela. Se habían encontrado varios paños con cierta permeabilidad. Se acordó desinflar el globo y proseguir con el reconocimiento.

El 29 de mayo, se notifica que la Casa Astra remitiría una envolvente nueva en sustitución de la existente, el cuerpo del globo tendría un ligero aumento de volumen, cosa que por las condiciones de altitud del Parque, eran sumamente convenientes.

En el mes de octubre de 1910, la segunda ascensión del globo-dirigible España, realizando un viaje de instrucción, con seis de tripulación, entre ellos iban dos en prácticas. Se presentó tiempo lluvioso y arreciando el viento, lo que conllevó a que en el descenso, por la violencia del viento, el globo-dirigible fuese arrastrado sobre los edificios de la estación del ferrocarril de Guadalajara, en las inmediaciones del Polígono de la Escuela práctica de aerostación, lo que dio lugar a que se realizaran ampliaciones en el Polígono, como se describe más adelante.

Como resumen de las campañas previstas, además de las realizadas en mayo de 1910, tuvieron cierta continuidad en el mes de septiembre de 1911 y en los meses de enero y febrero de 1913. En su conjunto, no dieron los resultados previstos, por graves averías en el dirigible, las cueles se tuvieron que solucionar desde la Casa Astra, *adquiriendo una envolvente* nueva, *simplificando su construcción, prescindiendo del sistema* defectuoso y complicado *pneumático* que poseía el dirigible *España*, para tratar de asegurar el equilibrio longitudinal y sustituyéndolo por el más práctico, suelto y corriente de planos y, *aumentando en lo posible el volumen* del globo, aumento condicionado por las dimensiones del hangar disponible; gestiones interrumpidas por la guerra en el escenario europeo.

En las siguientes imágenes, **Imágenes 30** y **31**, (S/F. *"Timones sistema pneumático"* y *"Timones sistema planos libres"*, respectivamente).

Timones sistema pneumáticos del dirigible	Timones sistema planos libres en dirigibles

Imagen 30.- *Timones sistema Pneumático libres.* (Imagen del autor).

Imagen 31.- *Timones sistema de planos libres.* (Imagen del autor).

Al dirigible se le da forma longitudinal asimétrica, motivado por la diferencia de presión que soporta la proa de la que soporta la popa. Esta última, además de la presión interior tiene la succión del desplazamiento del globo.

- **¿Por qué la ampliación del Polígono de Escuela práctica
y la construcción de la pasarela en el río Henares?**

En previsión de poder continuar la recepción del globo dirigible en el Polígono de experiencias de Guadalajara, por parte de la Comisión de recepción se solicitó diversas necesidades; es decir, poder experimentar con el dirigible en las inmediaciones del Polígono, por lo que requería buscar unos terrenos próximos al Polígono en donde rendir viaje en los días de viento fuerte, y, utilizar los terrenos del descampado, del margen izquierdo al Henares, para las prácticas con vientos de baja intensidad.

De la justificación presentada en la solicitud, algunas de ellas son: 1º) Dada la pequeñez del espacio disponible en la orilla derecha del Henares, [Polígono de experiencias], era necesario una pasarela de carácter permanente, en sustitución del paso de la barca existente, mientras durase el periodo de la recepción y los viajes que después se hicieran con el dirigible, para utilizar la orilla izquierda a la hora de rendir el viaje, en los días de bonanza. Tal iniciativa obligaba a soterrar las líneas telegráficas y telefónicas. En los días de mayor viento, el descenso se realizaría al otro lado de la vía del ferrocarril MZA. 2º) Una vez que se recibiera el globo-dirigible, por la comisión receptora, se realizaría una campaña con el objeto de que el personal de la Comisión pudiera seguir haciendo viajes, instruyendo a otros oficiales con título de aeronautas, para que se hicieran pilotos de dirigibles, o que empezaran un aprendizaje, familiarizándose con las condiciones especiales que presenta la península Ibérica, en altitud, orografía y meteorología. Llevar a término tales tentativas, debía de realizarse amparado en un anteproyecto de Escuela Práctica de dirigible.

En la fotografía de la página siguiente, **Imagen 32**, (AHEA. 1929. "*Parque y Polígono de Experiencias de Guadalajara*". Sig. 124-1ª A.C. CECAF. 1-09067-01).

De las referencias sobre la fotografía, como ampliación del Polígono de Experiencias, se indican las siguientes: según (4), ampliación del Polígono para que el dirigible, en días de viento, durante el periodo de recepción, rindiera viaje y al llegar los aeroplanos, también se utilizó como aeródromo eventual de la Escuela de aprendizaje y experimentación de aeroplanos; según (8), gasómetro industrial; según (10), hangar dirigible; según (12), pasarela de madera de 40^{mts} de longitud, construida para verificar las maniobras del globo dirigible en la margen izquierda del río Henares; y, según (13), zona en el margen izquierda del río, (antiguo campo de tiro), propuesta para rendir viaje los días de poco viento y en los viajes de instrucción referidos.

Leyenda: Ampliación del Parque y Polígono de Experiencias
(1).-Carretera de Madrid a Zaragoza
(2).-Carretera de Guadalajara a Torrelaguna
(3).-Estación f.c. de Guadalajara (línea MZA)
(4).-Ampliación del Polígono, para rendir viaje el dirigible los días de
    viento y Aeródromo eventual de Escuela de aprendizaje y
    Experimentación de aviación militar
(5).-Camino a la Casa del Moreno
(6).-Camino al Parque
(7).-Camino al Polígono
(8).-Gasómetro
(9).-Cobertizos cilindros hidrogeno
(10).-Hangar dirigible
(11).-Río Henares
(12).-Pasarela de madera sobre el Henares
(13).-Ampliación del Polígono a la izquierda del Henares para rendir viaje
    el dirigible los días de poco viento

Imagen 32.- *Ampliación del Parque aerostático de Guadalajara*. (Imagen del autor).

Además de las ya citadas, era necesario disponer, para los viajes, escalas eventuales en diversos puntos de la geografía, que podrían ser, *Carabanchel*, *Alcalá*, *Yunquera de Henares*, (Guadalajara), o *Fontanar*, (Guadalajara), con 30 hombres en *Retamares* y, disponer en el Polígono de 50 más que pudieran trasladarse donde conviniera.

• **Del Reglamento propuesto para los ensayos de Laboratorio**

Si el globo-dirigible tuvo un desarrollo rápido, también la aviación tuvo un gran adelanto en unos pocos años, contando con diversas particularidades que los diferenciaban, por las que llamó la atención en el entorno aeronáutico. Tal interés, después de la memoria realizada por la Comisión, dio lugar a la publicación de la R. o. de 2 de abril de 1910, encomendando al Parque aerostático proceder al estudio teórico-práctico del tipo de aeroplano más conveniente para el Ejército y los medios que deberían constituir el Laboratorio de aerodinámica para realizar los ensayos de toda especie necesarios, relacionados con la aeronáutica.

Los trabajos a realizar por la Comisión de experiencias del material de ingenieros, se amparaban en las disposiciones del reglamento aprobado para llevarlas a término. En su Artículo 6º, decía que los profesores civiles serían proporcionados, de forma generalizada, por la Casa que vendiese los aparatos, con sujeción a las condiciones que se determinasen, y en el siguiente Art., se especificaba que los oficiales en prácticas, deberían de reunir determinadas condiciones, como: 1ª) Ser pilotos de globos esféricos del Cuerpo de Ingenieros; 2ª) Tener conocimientos teóricos de aviación y teórico-prácticos de los motores empleados en ella, […]; 3ª) Estar habituados a conducir automóviles rápidos o motocicletas; y 4ª) Tener gran serenidad y decisión […].

• **Del aeroplano propuesto por la Comisión**

La propuesta hecha del aeroplano más conveniente, fue el *Farman* de dos plazas, para la enseñanza, y en el caso de que se considerara un segundo aeroplano, se propuso que éste podría ser, bien un *Wright*, bien un *Antoniette*. Además se encargaba al Cuerpo de Ingenieros del nuevo Servicio de *aviación*, así como el de *los dirigibles*, de manera que el servicio aeronáutico comprendiera las tres ramas o cometidos, *globos cautivos y libres, globos con motor, y aparatos más pesados que el aire*. Y por R. o. c. de 7 de marzo de 1911, entró en vigor el reglamento para la experimentación de aeroplanos, siendo actualizado el 22 de octubre, (1911).

Sábado, 11 de marzo de 1911, estaba montado el primer aeroplano en Cuatro Vientos. "Se hace girar el motor". El martes 15, se realizaron diez vuelos en Cuatro Vientos, para su recepción. Se aceptan los dos Henry-Farman y se rechaza el Maurice-Farman.

Llevar a cabo la expectante iniciativa, contó con las escuelas correspondientes, estableciendo un periodo de experimentación. Para los aeroplanos, éste se inició desde la recepción del material, marzo, (1911), hasta el 28 de febrero, (1913), en que se dio por terminado el periodo de experimentación y se reorganiza la aeronáutica, comprendiendo la clasificación de los medios aeronáuticos en las dos ramas siguientes: *Aeronáutica* (globos y dirigibles) y *Aviación*, diferenciados por los medios que contaban para elevarse, es decir, la fuerza ascensional proporcionada por el gas y propulsión facilitada por el motor de combustión interna y la hélice.

Las Escuelas prácticas (o Cursos de vuelo) que se realizaron en el periodo de experimentación con aeroplanos, sobre calendario, fueron las siguientes fechas el inicio de los cursos: 15 marzo, (1911); 6 de marzo, (1912); 10 de noviembre, (1912); 5 de febrero, (1913); 21 de mayo, (1913); y 1 de septiembre, (1913).

Una vez modificado el reglamento, (octubre de 1911), podían optar al curso todos los oficiales de las Armas y Cuerpos del Ejército y oficiales de Marina.

La CIAC propone un Observatorio aerológico en la Isla de Tenerife

Después de haberse realizado interesantes experimentos marítimos, por expertos en meteorología, la comunidad científica, estudiosa de la naturaleza aerológica, estaba motivada por la necesidad de instalar un observatorio aerológico de altura, en las faldas del Teide, en las islas Canarias, desde donde estudiar los vientos contralisios del hemisferio norte, propuesta iniciada por *L. Teisserenc de Bort*, ya referido, representante francés en la CIAC. Dicho observatorio formaría parte de un ambicioso proyecto para establecer la red aerológica ya aludida, de los vientos en altura.

Establecer un observatorio en la isla de Tenerife, para los intereses de Alemania, también se relacionaba con la navegación aérea, ya que los dirigibles estaban llamados a representar la transición del globo esférico libre, a merced del viento, a la tendencia a navegar por el desconocido «Océano del aire», en la que Alemania sería pionera en establecer líneas aéreas con dirigibles.

En la Conferencia de Mónaco, abril de 1909, se propuso que la iniciativa del referido observatorio fuera realizada con fondos de la CIAC y del gobierno alemán. Pero, fue el Gobierno español el que asumió el compromiso de establecer el observatorio de altura, en el requerido lugar, e iniciar observaciones aerológicas.

El Gobierno español, para asumir el compromiso de establecer un observatorio e iniciar las correspondientes observaciones aerológicas previstas por la CIAC, nombró una Comisión mixta, formada por representantes de los Ministerios de Instrucción Pública, Marina y Guerra, la cual designó al Servicio de aerostación de Guadalajara para que se desplazara a la isla de Tenerife con el objeto de establecer un observatorio en donde se pudieran realizar, de forma permanente, observaciones aerológicas de carácter internacional, promovidas por la CIAC. En los puntos que careciesen de conexión a la red telegráfica nacional/internacional se haría uso de la telegrafía alada para ponerlos en comunicación.

• Del establecimiento de un observatorio aerológico en la isla de Tenerife

El Parque aerostático, comisionó al *Cptan. Gordejuela* con instrucciones particulares de: *efectuar*, desde una base de algo más de un kilómetro de espacio libre de obstáculos, los lanzamientos y las observaciones con carácter internacional correspondientes al mes de mayo, de globos sonda y cometas;

hacer observaciones comparativas, a nivel del mar, en el observatorio de la localidad de Santa Cruz de Tenerife; *continuar* las observaciones y los lanzamientos en los meses sucesivos, según calendario internacional. A su vez, se le dieron instrucciones para que realizara los estudios previos de una ubicación provisional en las referidas *Cañadas*, con idea de encontrar posteriormente una definitiva.

El desarrollo definitivo del observatorio, seguirían las pautas marcadas en el congreso de Mónaco, junto con las posteriores conversaciones del *Col. Vives* y *Mr. Hergesell*, ya referidas, con la tentativa de: Ubicar las infraestructuras necesarias, para las observaciones; *Establecer* observaciones con globos piloto; *Hacer* observaciones a nivel del mar, *tomando dato*s para un emplazamiento definitivo, y *Asesorar* a la Comisión mixta del Servicio de aerostación de todo lo que pudiera ser necesario para la instalación, tanto provisional, como definitiva, del Observatorio, enterando a las partes interesadas, tanto en Mónaco, como en Madrid, de lo que sucediera, y especialmente de las condiciones fijadas en la reunión de la CIAC celebrada en Mónaco.

En la siguiente imagen satelital, **Imagen 33**, (Internet[86]. Operational Land Imager, (OLI), en el **satélite** Landsat 8 tomó esta imagen de la totalidad de la isla el 25 de enero de 2016. "*Isla de Tenerife*"). En la misma se aprecia la gran caldera del Teide, en donde se encuentran las cañadas o pasos de tránsito aludidos.

Imagen 33.- *La gran caldera del Teide de la isla de Tenerife.* (Imagen del autor).

86.- https://www.vistaalmar.es/recursos/fotografia-video/6001-espectacular-imagen-de-tenerife-desde-satelite.html

Desde las Cañadas se informó del estado en que se encontraban las dos casetas ubicadas en el lugar inicial, (una de ellas se conocía como la caseta Lazareto), para establecerse provisionalmente, a falta de que se estableciesen las instalaciones previstas.

También se informó que el lugar ocupado por las casetas existentes, no era el más adecuado para realizar las observaciones, por la ocultación en determinadas direcciones, durante el seguimiento de las ascensiones de los globos, por lo que se buscaría un lugar que reuniera mejores condiciones de observación, para un emplazamiento definitivo.

• **De los lugares propuestos para la observación aerológica**

Para el observatorio definitivo, se encontró un emplazamiento en el *paso de Guájara*, más allá de las casas de la *Cañada* referida, marchando a Orotava; tenía agua abundante, edificaciones en sitio despejado a una altura de 2.300^{mts} y una gran explanada a 2.600^{mts} para colocar los instrumentos de observación y realizar el seguimiento de globos piloto y globos sonda y demás actividades relacionadas con las observaciones comprometidas con la CIAC. Como alternativa del lugar elegido, para un emplazamiento definitivo, se encontró otra zona apta para realizar las observaciones, este lugar era en los *Llanos de las Majas* a una altura de 2.200^{mts}

De los estudios realizados del terreno y de las instalaciones allí existentes, se puso en conocimiento de la Comisión mixta que la región de las *Cañadas*, era un punto de gran atracción de turismo.

• **De la transferencia de las observaciones aerológicas al Instituto Central de Meteorología**

La diversificación de actividades asumidas por la Sección de Aeronáutica, a las que ya se ha hecho referencia, ponía de manifiesto la dificultad en seguir prestando a la investigación científica de las altas regiones, la atención que era preciso, por lo que se consideró que era necesario que el Ministerio de Instrucción pública tomase a su cargo, a través del Instituto Central de Meteorología, la continuidad de los estudios internacionales simultáneos, como la parte más interesante de la meteorología, que se venían realizando, y se llevase a cabo la instalación definitiva del Observatorio Aerológico del Teide, según el compromiso adquirido a raíz de lo propuesto en la conferencia celebrada en Mónaco, (1909).

Representantes del Servicio aeronáutico, son comisionados a Granada para asistir a la reunión de la Asociación para el Progreso de las Ciencias, constituida como el Tercer Congreso de la referida Asociación, que iba a celebrarse en el mes de junio, (1911).

El Director del referido Servicio participó con la conferencia, titulada: "*La Aerostación aplicada al progreso de la meteorología*". También participó Emilio Herrera, con el tema: "*Las sombras volantes en los eclipses de sol*", y aprovechó la ocasión de llevar a cabo una práctica aerostera, tripulando el globo Saturno, rindiendo viaje en Jumilla, (Murcia).

Unas nuevas experiencias de aerostación se llevaron a cabo, pero en esta ocasión, experiencias aero-marítimas. Fue en la segunda quincena del mes de agosto, (1911), cuando el Servicio de aerostación se trasladó al Ferrol para realizar los ejercicios de Escuela Práctica de aerostación sobre el mar. El día 25, el globo cometa, montado y remolcado en el cañonero Mª de Molina realizaba pruebas, sobre el mar, por la ría de Ferrol y rías aledañas.

PARTE X (1906 – 1911):

GAS HIDRÓGENO, *ELEMENTO INDISPENSABLE PARA LA AEROSTACIÓN*

De la previsión de hidrógeno

Inicialmente se había establecido que las Escuelas prácticas fueran los meses de agosto, septiembre y octubre, por el estudio realizado en los distintos meses del recorrido medio diurno anual de los vientos en la península, estando el Observatorio del Parque en correspondencia diaria con el Instituto Central Meteorológico.

Dos factores importantes a considerar, a la hora de hacer previsiones en el suministro del elemento esencial, confirmado mediante los ejercicios realizados por la Escuela Práctica de aerostación, eran: las *circunstancias* y, las *condiciones meteorológicas* sobrevenidas que pudieran tener lugar en las prácticas.

En 1906, por el Centro Electrotécnico y de Comunicaciones, creado por R. d. de 2 de noviembre de 1904 y afecta a la Compañía de Telégrafos de Madrid, solicitó que por el Parque se le facilitaran 400^{m3} de gas hidrógeno para las experiencias de la telegrafía sin hilos con *globos cometa*, (desprovisto del timón, cesta y parte del cordaje), que cubicaban 20^{m3}.

En la siguiente fotografía, **Imagen 34**, (BVD. 1905. *"Memoria primeras construcciones"*. Ref. 209323-[003] _12), globo cometa de 20^{m3} del referido Centro.

Leyenda: Telegrafía aerostática para transmisión de señales
(1) Globo cometa de 20^{m3} de volumen destinado para realizar experiencias con estaciones telegráficas sin hilo (generadoras de ondas hertzianas u ondas radio) por el Centro Electrotécnico. Éstas se iniciaron en 1904.
(2) Carrete cable conexión para los elementos transmisores de señales radio.

Imagen 34.- *Globo cometa de 20^{m3} del Centro Electro-técnico.* (Imagen del autor).

Por el Parque, se iba a facilitar el suministro en cantidades de 80^{m3}, con objeto de no tener fuera del Parque muchos cilindros al mismo tiempo y poder atender siempre las necesidades del Parque.

• **De los generadores de gas hidrógeno y material procedente de Cuba**

El Parque al contar con nuevas instalaciones para generar la electricidad industrial, a coste más reducido que la electricidad para el alumbrado, vio la posibilidad de plantear que era el momento de contar con generadores y gasómetros, como los utilizados en las fábricas de gas, y sustituir los globos especiales que hacían la vez de *gasómetros provisionales*. Estos eran de tela cauchutada en donde se almacenaba el gas procedente de los trasvases, por la desinflación de globos que habían terminado las prácticas.

También se consideró reemplazar los compresores existentes, (uno procedente de Cuba, tipo *locomotora*, -máquina montada sobre ruedas y movida por vapor-, y otro de la Casa Thirion, tipo *locomóvil*, -máquina de vapor que por estar montada sobre ruedas podía trasladarse), por otros más potentes y modernos, movidos por *electromotores* que permitiesen prescindir de las calderas de vapor que los existentes venían utilizando.

• **De la dotación de cilindros procedente de Cuba para la aerostación**

En 1908, el Servicio de aerostación contaba con los 870 cilindros de dotación, a la que había de añadir 90 más, procedentes de la campaña de Cuba, en donde se habían utilizado para el alumbrado, por luz oxhídrica, en la trocha de Júcaro a Morón, o trocha del Oeste, (unía la costa sur con la costa norte, distantes unos 60^{kms}, en la provincia de *Ciego de Ávila*, en la parte central, dividiendo la Isla en dos partes).

En el siguiente plano, **Imagen 35**, (BVD. *"Plano Telegráfico de la Ysla* [sic] *de Cuba / Por la Inspección General de Telégrafos"*. Ref.- [CUB-96_12]. E: [ca. 1:981818]. Publicada: 15 de Marzo de 1879. De las referencias al plano son las siguientes notas: *Escala hallada por comparación con otros documentos de características similares. Tabla de signos convencionales para indicar las líneas telegráficas del Estado en uso, con hilo directo especial, con corriente de emisión, en proyecto, y abandonadas, los centros de distrito telegráfico, las estaciones en servicio y las cerradas, la línea divisoria de estos distritos, las líneas de ferrocarril, sus estaciones, la situación de los cables telegráficos, las líneas desmontadas, las comunicaciones marítimas por vapor, la estación y línea de semáforo en proyecto y los semáforos existentes Señala los lugares a los que se dirigen los cables*). Sobre el plano se indica la referida trocha de Júcaro a Morón o trocha del Oeste, iniciada su construcción antes de 1896, cuyo trazado unía las localidades de *Júcaro-Ciego de Ávila-Morón*.

Imagen 35.- *Trocha de Júcaro a Morón, sobre plano telegráfico de* 1879. (Imagen del autor).

Los tubos, o cilindros, diferían bastante de los 870 indicados, no sólo en sus dimensiones, sino también en sus características. Estos cilindros se utilizaron en cada uno de los proyectores que se instalaron a lo largo de la referida trocha. Cada proyector contaba con tres cilindros, (uno en uso, otro de reserva y el tercero llenándose en la fábrica de oxígeno; su construcción fue aprobada por R. o. de 1898). Teóricamente, cada uno de ellos contenía 5^{m3} de oxígeno a 125^{atm} de presión; en la realidad los tubos contenían 4^{m3} a una presión de 100^{atm}; descripción hecha por el Ingeniero comandante *D. José Gago y Palomo*, que estuvo destinado en la Comandancia de Ingenieros de La Trocha, de la Isla de Cuba.

En el Parque de Guadalajara, por las características de los tubos, se estableció que no era conveniente sobrepasar presiones superiores a las 120^{atm}, circunstancia perjudicial puesto que aumentaba el peso de acero trasportado por metro cúbico de gas, lo que aconsejaba que no debían ser empleados en campaña, ni en maniobras. El único uso que se les había dado por el Parque, desde su recepción, fue en las recargas de gas.

Por la importancia que estaba tomando el Servicio de Alumbrado en campaña, se estableció que a los procedentes de Cuba se les diera su primitiva aplicación; es decir, contener oxigeno comprimido, para proporcionar el necesario a los proyectores procedentes de las Casas *Bleriot* y *Barbier Benard*, utilizados por el Servicio de aerostación. El oxígeno se podría adquirir, ya comprimido y sin necesidad de instalar nuevos elementos en el Parque, recurriendo a la Sociedad Anónima instalada en Zaragoza.

• **De las previsiones de hidrógeno iniciadas en 1908**

A primeros de noviembre de 1908, por el Parque aerostático se solicitaron 7.000^{m3} de gas hidrógeno electrolítico comprimido a 150^{atm} a *La Oxhídrica Española*, en Zaragoza única que fabricaba, comprimía y expendía el gas hidrógeno en España. También, en ciertas ocasiones, se recurría por razones de carácter económico y conveniencia para el Servicio, adquirir el gas de alumbrado obtenido en la fábrica de gas de Madrid.

El desarrollo de la Escuela Práctica de aerostación hasta el año 1908, permitió establecer la cantidad de gas hidrógeno para atender el consumo medio al año, cantidad que ascendía a unos 15.000^{m3}, (además de los 6.000^{m3} u 8.000^{m3} de gas de alumbrado), siendo el periodo de mayor consumo los meses que duraba la Escuela Práctica.

Por razones de economía y conveniencia, ya referidas, debería de adquirirse anualmente a La Oxhídrica, entre 6.000^{m3} y 8.000^{m3}, y el Parque proporcionaría el resto, 9.000^{m3} ó 7.000^{m3}, con la finalidad de reemplazar el gas que se hubiera consumido durante los cuatro meses de maniobras, con el globo en el aire, con el fin de poder realizar, desde los cilindros de dotación, dos inflaciones comprimidas al objeto de poder atender cualquier contingencia imprevista, de las que ocurren con frecuencia en Aerostación.

• **De la propuesta para nueva adquisición de cilindros especiales en 1910**

De lo expresado en el preámbulo de la memoria descriptiva correspondiente a la nueva adquisición que se proponía, se entresacan las siguientes referencias: "En 1908 con la dotación de recipientes con que contaba el Parque se podían almacenar 5.600^{m3}. Los cilindros habían sido adquiridos en diversas épocas a los fabricantes extranjeros más reputados en esta especialidad, con objeto de comprobar prácticamente sus condiciones y de ir formando claro concepto para las adquisiciones futuras".

Las referencias para la propuesta de adquisición hacían mención a los resultados prácticos obtenidos en la campaña de Melilla en donde había participado el Servicio de aerostación como apoyo aéreo. Se estimó que era necesario adquirir $1.530^{cilindros}$ que unidos a los 870 existentes, permitiría almacenar unos 15.600^{m3}, en los $2.400^{cilindros}$.

A su vez, permitiría hacer tres lotes de 800, para almacenar unos 5.150^{m3} en cada lote que se distribuirían dos lotes para las dos Unidades de campaña y, el tercero, para comenzar a constituir la dotación destinada al globo-dirigible. La dotación del dirigible quedaba ajustada ya que en una sola inflación, consumía 4.000^{m3} de gas, además de las recargas que pudiera precisar, a falta de conocer el consumo medio de gas.

Como valor práctico añadido en la previsión de la cantidad necesaria, dentro siempre de la inseguridad inherente al consumo de gas, había de tener presente los imprevistos dictados por: "las *circunstancias*", "los *accidentes y necesidades expedicionarias* para observar movimientos ofensivos", "las *condiciones meteorológicas*" y "la *mayor o menor extensión de las líneas de comunicaciones y rapidez en los transportes*", que la experiencia iba confirmando.

• **De las posibles Casas proveedoras de cilindros especiales**

El Centro de aerostación una vez realizadas las diversas negociaciones con las Sociedades *Rheinische Metallwaaren und Maschinenfabrik* y *Mannessmann Rhören Verke*. En esa ocasión los precios fueron: a 89,50^{francos}, puestos a bordo, en Amberes, la "**Rheinische**", y a 80,75^{francos}, puestos en su fábrica de Bons (Alemania), la "**Mannessmann**". Ambas Sociedades se comprometían a abonar los gastos que originase la comisión que se nombrase para verificar las pruebas de recepción en Alemania. La "**Rheinische**", aceptaba hacer las referidas pruebas en el Parque Aerostático de Guadalajara, en presencia de uno de sus representantes, condición que no admitió la Sociedad "**Mannessmann**", exigiendo que se hiciesen en su fábrica de Bons.

La Sociedad Rheinische, al utilizar acero al níquel en la fabricación de sus recipientes, conseguía un peso medio de 66^{kgr} por cada cilindro, mientras que el peso medio de cada recipiente, de la Sociedad Mannessmann, era de 77^{kgr}. Se aceptó la oferta de la Sociedad *Rheinische Metallwaren und Maschinenfabrik*, (que había proporcionado más de 700^{cilindros} de los 870 disponibles), como la más ventajosa de las presentadas, solicitando la cantidad de 1.550^{cilindros}, 20 más, que se romperían en las pruebas.

La Sociedad se comprometía a servir los 1.550^{recipientes}, en un plazo máximo de seis meses una vez iniciado el proceso de fabricación, al que habría de añadir un mes más para el transporte y otro para realizar las pruebas, en presencia de un Ingeniero representante de la Sociedad *Rheinische*, en Guadalajara.

•**¿Por qué no se atendió la nueva adquisición de cilindros especiales?**

A consecuencia de tener que atender la entrada en el escenario aeronáutico del dirigible y del aeroplano, requiriendo la constitución y organización de las Escuelas prácticas de aprendizaje y experimentación correspondientes, no se pudo atender el proyecto, una vez que estaba aprobada la adquisición de los referidos recipientes especiales.

PARTE XI (1910 – 1913):

PRIMEROS AERÓDROMOS, ELEMENTO BÁSICO PARA ORGANIZAR LA AERONÁUTICA

El aeroplano un elemento particular en el escenario aeronáutico

Una vez que al planeador se le dotó de motor de combustión interna, de timones para su dirección y tren amortiguador o de aterrizaje, daba lugar a una nueva forma de volar, prevaleciendo la rapidez, la maniobrabilidad y la economía, frente a la majestuosidad del aerostato.

Mediante R. o. de 2 de abril, (1910), se encargaba al Cuerpo de Ingenieros el servicio de aviación, y el 7 de mayo, (1911), se puso en vigor el reglamento para la experimentación del aeroplano a cargo de la Comisión de Experiencias del Material de Ingenieros. En el mes de enero, (1911), la Comisión encargada de elegir dónde ubicar el campo de aviación para iniciar la Escuela práctica de aprendizaje y experimentación con aeroplanos, eligió Cuatro Vientos, al que se estableció como aeródromo central del Servicio y Escuela de aviación. También se eligió el aeródromo de Guadalajara, frente al polígono de Aerostación, distante 60^{km} de Cuatro Vientos y contaba con los talleres del polígono, pero no tenía extensión suficiente para Escuela, pero sí para maniobras de Escuadrilla y para ejercicios llevados a cabo por pilotos con titulación superior; en el caso de necesitar cobertizos, se utilizaban los desmontables, típicos para medios expedicionarios. Como segundo aeródromo eventual, también algo reducido de extensión, estaba en terrenos del campo de instrucción de Caballería, ubicado en Alcalá de Henares, ambos dependían de Cuatro Vientos.

En el siguiente plano, **Imagen 36**, (BVD. Alberto Martín. 1913-1919. E: 1/10.000. "*Plano de Guadalajara*" [AT-16B-34]), en donde queda representado el Parque Aerostático y la ampliación del Polígono de experiencias, como campo de aviación.

Imagen 36.- *Campo de aviación y Polígono de Experiencias de Aerostación.*
(Imagen del autor).

Sobre el plano se indican: según (a), Polígono de la Escuela Práctica del Servicio aerostático; y, según (b), Aeródromo eventual de Escuela de aprendizaje y experimentación de la aviación militar.

Para la divulgación aeronáutica, se iniciaron diversos festivales aéreos, en distintas localidades españolas, siendo el vuelo realizado el 5 de septiembre, (1909), en Paterna (Valencia), el primer vuelo con un aeroplano de diseño, construcción y probado en vuelo, en el ámbito de la iniciativa privada de Gaspar Brunet y Juan Olivert.

• **De la primera Escuela de aviación civil en el Campo de Gibraltar**

En el mes de abril, (1911), en el término municipal de Los Barrios, (Cádiz), junto a las salinas de Palmones, aledañas al río del mismo nombre, y a pocos pasos de la bahía de Algeciras, se inauguró la primera Escuela de aviación civil Hanriot, promovida por una Sociedad francesa de aviación que se constituyó en Algeciras para poder desarrollar las actividades aeronáuticas en el Campo de Gibraltar.

En la siguiente composición, **Imagen 37**, (Composición del autor. 2019. *"Ubicación del Campo de aviación de Los Barrios en la bahía de Algeciras"*). En la imagen se indica la desembocadura del río Palmones, o de las Cañas, en la bahía de Algeciras, y a pocos pasos de la desembocadura se encontraba el campo de aviación, según se indica en la imagen.

Imagen 37.- *Ubicación del campo de aviación de Los Barrios, a pocos pasos de la bahía de Algeciras.* (Imagen del autor).

La tentativa para establecer una Escuela de aviación civil, dependiente del Ministerio de Fomento, (1913), se organiza en Santa Quiteria de Getafe (Madrid), la cual estaría directamente relacionada con el RAeCE.

• El hidro-aeroplano, nueva tendencia aeronáutica

En el Hipódromo de Casa Antúnez, próxima a las faldas del monte Montjuich, tuvo lugar el primer vuelo realizado en la ciudad Condal, (1910), y, a mediados del mes de junio, (1912), el Director de la Aeronáutica militar fue invitado, como Presidente de honor del jurado, a la *Semana de Aviación de Barcelona*, que iba a tener lugar en el referido Hipódromo de Casa Antúnez.

Cuando llegó el turno de realizar las pruebas con el hidro-aeroplano (también aero- hidroplano), diseñado por el chileno Sánchez Besa, en la rada del puerto de Barcelona, frente al referido Hipódromo, el Director de la Aeronáutica participó en las mismas, volando con el piloto Beniot en el hidro que se presentaba en el festival aeronáutico de Barcelona. Unos meses antes había presenciado una demostración, de ese mismo hidro-aeroplano, en la rada del puerto de Mónaco.

En la siguiente representación gráfica, **Imagen 38**, (Internet. S/F. "*Ubicación del Hipódromo de Casa Antúnez*"), queda referenciado la ubicación del hipódromo, utilizado, como campo de aviación en las actividades aéreas que se venían desarrollando desde sus inicios, entre la desembocadura del río Llobregat y el emblemático monte Montjuich.

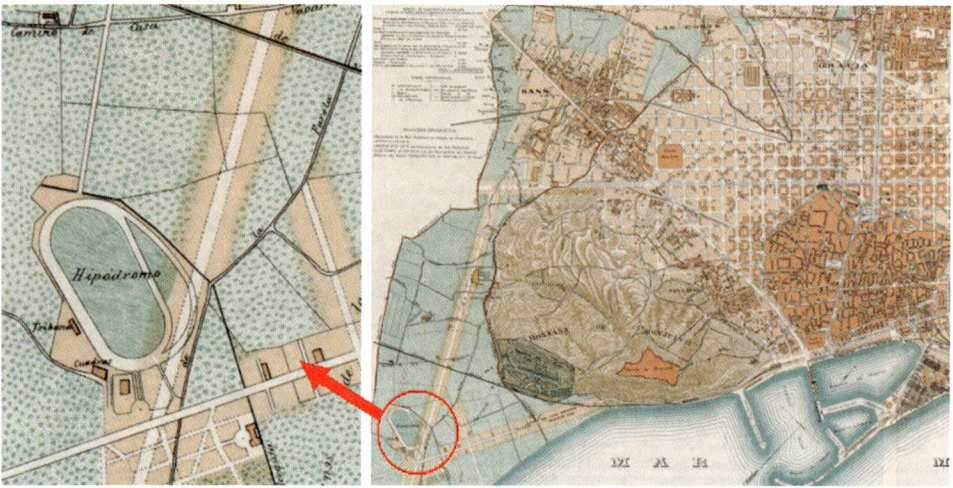

Imagen 38.- *Ubicación del Hipódromo de Casa Antúnez según plano de finales del* siglo XIX [87]

En la marina de Casa Antúnez, frente al hipódromo, en el antepuerto de la ciudad, tuvo lugar la exhibición del hidro-aeroplano referido.

- **Comisiones a París e Inglaterra para estudiar la tendencia de los dirigibles y la de los aeroplanos con tren de aterrizaje con ruedas y con flotadores**

En el mes de marzo, (1913), se inicia una nueva comisión a *París*, concertando visitas a las *instalaciones en Issy*: con la Casa Newport, acordándose alguna prueba estática; pudiendo contemplar los dirigibles modelos: *Astra*, (para Rusia), y *Torres*, (para Inglaterra), ambos fabricados en la Casa Astra.

———————————————

87.- http://barcelofilia.blogspot.com.es/2012/02/hipodrom-de-can-tunis-1883-1934.html (23.9.2018)

De los dos modelos, les enseñaron el modelo *Torres* en donde pudieron comprobar las diferencias existentes con el dirigible *España* que se había adquirido a la misma Casa.

En Crotoy, (*talleres* en Somme), visita al aeródromo, próximos a la playa, en el centro militar, realizándose vuelos en *hidro* y en aviones *a rueda*. De nuevo en Issy, visita a los *Talleres Clement* de aeroplanos y dirigibles y a las casas *Gnôme*, *Farman* y *Astra*.

Se continuaba buscando el dirigible que mejor se adaptase, no sólo a la orografía del terreno montañoso, como es la península Ibérica, sino también a la vigilancia de la extensa costa española, con la posibilidad de adentrase a alta mar.

La comisión continuó en *Inglaterra*, visita en Farnborough, a Eastchuch, (conferencia con los representantes de la *Royal Marines* y *Royal Navy*, aviones Bleriot, Newport, y otros), y en diversos lugares más, en donde se realizaron vuelos con diversos aeroplanos. Una vez en París, la comisión continuó a *Mónaco*, conferencia y visitas con los representantes del mundo aeronáutico en: *Niza*, *Monte Carlo* y *Antibes*; posteriormente se realizó una vista al *aeródromo de Pulham*. La comisión finalizó el 18 de abril, (1913), con la incorporación a Guadalajara.

• Fin del periodo de Comisión de Experimentación con aeroplanos. Se reorganiza la Aeronáutica militar (1913)

Para atender a "satisfacer las aspiraciones locales de desarrollo y urbanización de las poblaciones y los intereses de la industria y del comercio, procurando armonizarlos con los de la defensa del territorio", se emprendió el estudio de reforma de las zonas polémicas existentes, formulando propuestas de modificaciones. Tales modificaciones se publican en el R. d. de 26 de febrero de 1913.

En el mismo mes de febrero, (1913), se dio por terminado el periodo de experimentación y se reorganizó la Aeronáutica militar comprendiendo dos ramas: la Aerostación y la Aviación y según R. o. de 16 de abril, (C. L. núm. 33; 1913), se aprobó el nuevo reglamento. Respecto a la aerostación, se estableció la siguiente modificación: "*tanto en las Escuelas prácticas de Aerostación, como en las campañas de dirigibles, podrán tomar parte además de los Jefes y Oficiales del Servicio Aerostático, los de cualquier arma ó cuerpo del Ejército o Marina que lo soliciten, dentro de la capacidad y de las conveniencias del servicio*".

En junio, (1913), se estableció el proyecto de Reglamento de relaciones del Ministerio y el Real Aero Club de España, con ello se buscaba que los pilotos del RAeCE, en caso necesario, pudieran acceder a formar parte de la Aeronáutica militar.

Una vez publicados los reglamentos para el servicio de dirigibles y aeroplanos y promulgándose los respectivos Reglamentos de organización y empleo de los medios aéreos y las actividades aeronáuticas, dio lugar a la tentativa de poner en conjunción la organización, establecimiento de aeródromos y las operaciones aéreas que se iniciaran en el protectorado español en Marruecos.

PARTE XII (1911 – 1913):

TENTATIVA AERONÁUTICA EN EL CAMPO DE GIBRALTAR

Del proyecto "Camino de hierro Internacional"

El desarrollo de los ferrocarriles internacionales cabe situarlo a partir de la Conferencia de Washington, (1884), ya referida, en donde se acordó la unificación de la hora Cosmopolita, tomando como meridiano de referencia único, o meridiano cero, el de Greenwich.

Por otro lado, se consideró que podría ser el momento de unificar la explotación de los ferrocarriles internacionales y el gobierno belga, establece el Congreso de Bruselas, en 1885, en donde se aprobaron las bases constitutivas de "l'*Association Internationale du Congrès des chemins de fer*".

• Breves referencias históricas

La idea inicial con la que partió la constitución de la l'*Association Internationale du Congrès des chemins de fer*, era establecer un *Sindicato del ferrocarril* (*Union ferrée*), análogo a los Sindicatos de correos y de telégrafos; pero en su lugar se dio forma a una idea de mayor alcance tecnológico, es decir, organizar un centro permanente para las reuniones de los congreso científico que se celebrarían periódicamente, como venía haciendo las comisiones permanentes de Astronomía, de Geodesia y de Meteorología. La primera Comisión permanente, instituida en la celebración del primer Congreso, se reunió en Bruselas en febrero de 1886; la siguiente se celebró en Milán al año siguiente, (1887).

Para que un país fuera admitido a formar parte de la referida Comisión permanente, tenía que cumplir los siguientes requisitos: Primero, los ferrocarriles del país solicitante tenían que estar abiertas al servicio público, y, Segundo, la red de ferrocarriles, como mínimo, debería de ser de 100^{km}, para tracción mecánica o eléctrica, y en el caso de líneas de cremallera, o análogas, debería de ser de 50^{km}.

En la sesión de clausura de la 8ª Sesión, (Berna, 1910), se celebraba el 25º Aniversario de la fundación de la Asociación, proponiendo que la siguiente sesión tuviera lugar en Berlín. En la sesión llevada a cabo en Berna se trataron temas, como: *"Unión de railes; Refuerzo de vías y puentes; Bifurcación de puentes giratorios; Longitud de los túneles; Empleo de acero y aceros especiales; Locomotoras a vapor de gran velocidad; Tracción eléctrica; Grandes estaciones; Caminos de hierro y vías navegables; Billetes para pasajeros; Líneas de escaso tráfico en las redes ferroviarias; Explotación de los caminos de hierro económicos; Transbordos; &...".* (Bosset; Págs. 198-201; 1910)[88].

A consecuencia de la declaración de guerra, las actividades que se venían estableciendo quedaron suspendidas, y no fue hasta 1919 que la Asociación reinició sus actividades con nuevo nombre, *"l'Association Internacionale des chemins de fer"*, con los treinta y cinco países[89] miembros, tanto de Europa como de América y Asía, países que pertenecieron a la Comisión permanente inicial, constituida con un nuevo objetivo: *favorecer el progreso de la ciencia y la explotación de los ferrocarriles.*

• Del Ferrocarril Internacional: de Europa a América en 5 días (y viceversa)[90]

En el preámbulo del libro titulado: *"L'Ibéro-Afro-Américaine"*, se expresa la tentativa del proyecto de ferrocarril referido, del que se traslada su contenido, (traducido): "El proyecto que ya tiene estatus político internacional, un ferrocarril cuya longitud, y especialmente las dificultades técnicas de su construcción, son infinitamente menores que las de otras líneas en plena explotación; ferrocarril cuya importancia solo es comparable con los canales de Suez o Panamá".

En el siguiente croquis, **Imagen 39**, (AHF-FFE. Sig. S_0260_001_007-03. S/E. 1910. *"Trazado del ferrocarril internacional Íbero-Afro-Americano"*). En él se representa una tentativa del trazado que se seguiría, conectando los países miembros pertenecientes a la Comisión permanente.

88.- http://doi.org/10.5169/seals-81448; (19/03/2023).

89.- *Argentina; Bélgica* y colonias; *Bolivia; Brasil; Chile; China; Costa Rica; Cuba; Dinamarca; República dominicana; Egipto; Ecuador; España; Estados Unidos* de América; *Francia, Argel, Túnez* y colonias; *Gran Bretaña* e *Irlanda*, imperio de India, protectorados y colonias; *Grecia; Haití; Italia; Japón; Luxemburgo; Méjico; Nicaragua; Noruega; Paraguay; Países Bajos* y colonias; *Perú; Portugal* y colonias; *Rumanía; Salvador; Serbia; Siam; Suecia; Suiza* y *Uruguay*. (BulletinTechnique de la *Suisse Romande*. Nº 1; Págs. 200-202; 1919. Pdf. http://doi.org/10.5169/seals-34922), (08/01/2023). [Nota: *Suisse Romande* o Suiza Francesa].

90.- Título original: *"Chemin de Fer International: L'Ibéro-Afro-Américain. D'Europe en Amérique en 5 jours (et viceversa)"*. (AHF-FFE. Congrès International des Chemins de Fer. 1910).

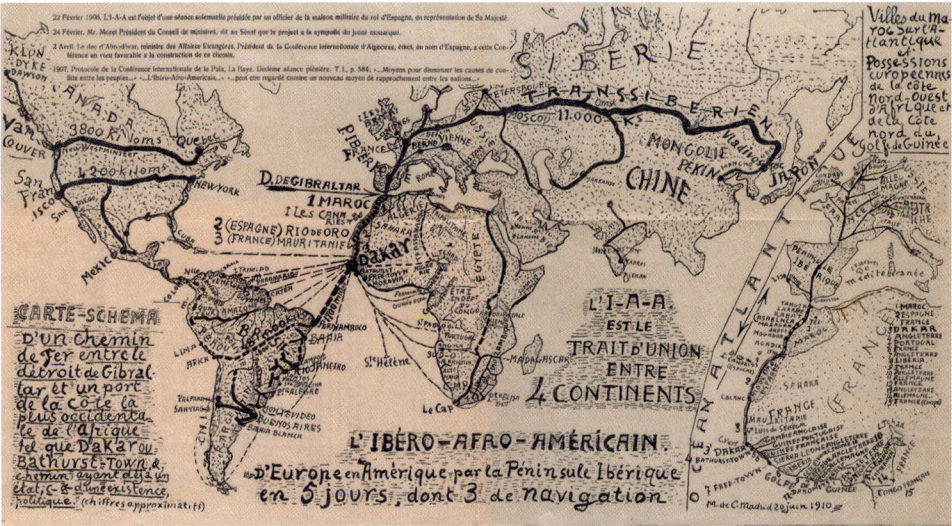

Imagen 39. *Trazado del proyecto de ferrocarril internacional "Ibero-Afro-Americano".*

• Del *estado político* del proyecto de ferrocarril internacional

Con la idea de estado político del proyecto de ferrocarril, como implicación de los países participantes, en Madrid se expuso la tentativa del novedoso proyecto, de los que se trasladan las siguientes referencias: "el 22 de febrero de 1906, un representante de S. M. el Rey de España, en su nombre, presidió en el Ateneo de Madrid la exposición del proyecto aludido. Dos días después, el 24 de febrero, el presidente del Consejo de Ministros, trasladó al Senado la aprobación al mismo, dada por S. M."

Tal tentativa de proyecto, por lo novedoso que resultaba, no estaba incluido en la agenda de la Conferencia internacional que se estaba celebrando en Algeciras, (1906); aun así, por indicaciones de Madrid, el Ministro de asuntos exteriores y representante de España, dio a conocer, como deseo oficial, dicho proyecto a todos los miembros de los países asistentes a la misma. Tal deseo se consignó en el libro oficial de los informes de la Conferencia, en la sesión del 2 de abril, (1906), como se expresa en el referido libro.

Un año después de haberse firmado el acta de la conferencia de Algeciras, en junio, (1907), se hace llegar a S. M. el Rey, una solicitud firmada por varios representantes de organismos oficiales españoles, con el ruego de pedir a sus Ministros de llevar el proyecto a la Conferencia de Paz de La Haya, (correspondía a la 10ª Sesión), el proyecto del ferrocarril internacional, como un nuevo medio de acercamiento de intereses cosmopolitas entre las naciones.

• **Del objeto del proyecto**

Una vez que el proyecto del ferrocarril internacional fue presentado en la Conferencia de Algeciras y por la cercanía geográfica, en términos coloquiales, se le dio el nombre del *Íbero-Afro-Americano*, aunque en los protocolos de dicha Conferencia figuraba como: "*Línea que une Europa por el estrecho de Gibraltar con América del Sur*", es decir, línea que pretendía reducir al mínimo su recorrido, en la unión de los continentes, al contemplar la "posibilidad" de coordinar con los medios marítimos. Con tal coordinación se beneficiaría el transporte internacional, beneficio que se interpretaba, principalmente para la comunidad comercial, puesto que el objeto que perseguía, era proponer un acercamiento de los intereses, no sólo de los países pertenecientes al Comité permanente del ferrocarril, si no también establecer una globalización de los medios de navegación y transporte ferroviario.

De los inicios de la aviación en la Bahía de Algeciras (1911)

Una vez establecida la línea del ferrocarril Bobadilla-Algeciras[91], se prolongó hasta el espigón de hierro y de madera[92], distante un kilómetro de la estación. Dicho muelle también era propiedad de la misma compañía inglesa que construyó el ferrocarril. Para coadyuvar en el diseño del ferro-carril y el muelle de Algeciras, desde el Gobierno se nombró una comisión mixta compuesta por representantes de los Ministerios de Guerra, Gobernación, Fomento y Marina.

El aeroplano que llegó en el vapor Cabo Corona, a Algeciras, fue desembarcado en el espigón de hierro y madera, para iniciar la primera fiesta de aviación que coincidía con la inauguración de la Escuela de aviación Hanriot, se denominó con el nombre del aeroplano con el que se iba a establecer la enseñanza del vuelo en el Campo de Gibraltar. El aeroplano estaba avalado por los éxitos obtenidos en los raids aéreos, en particular el de *Meeting en Dijon*, de 1910, en donde obtuvo los premios de: *mayor duración sin escalas*,

---

91.- Tenía una longitud de 177^{km}, y ramal al puerto de 1^{km}, con 22 estaciones. Fecha de concesión: 6 de junio de 1888. Domicilio social en Algeciras; Presidente del Comité en Londres: Mr. D. J. W. Tood; Consejero en Madrid: Excmo. Sr. D. Emilio Castelar; La Dirección se encontraba en Algeciras, cuyo Director general era D. Juan Morrison. (Anuario de ff. cc. Españoles. 1899). El ramal al puerto entró en explotación en 1894. (Ídem. 1895).

92.- Por R. o. de 28 de febrero de 1893, se aprueba el proyecto de espigón de madera y hierro de la C$^{ia.}$ f. c. Bobadilla-Algeciras, proponiendo que se construya "al extremo del malecón de fábrica existente en la margen derecha del río La Miel en su desembocadura a la mar." (Los Transportes férreos. Nov 1912). El espigón tenía una longitud de 140$^{mts.}$

(30^{m}42^s); *velocidad*, (4^{m}13^s.3/5); *general de velocidad*, (4^{m}13^s); *la totalización de tiempos*, (1^{h}4^{m}27^s); *altura*, (670^{mts}); y *Cross-country*, (11^{m}55^s). En la inauguración de la Escuela, la prensa noticiaba que a la misma llegaron más de 8.000 viajeros y personalidades distinguidas. El público asistente, en su mayoría eran inglés procedentes de Algeciras y de localidades vecinas; también se pusieron servicios especiales de vapores para los procedentes de Ceuta y de Gibraltar, a todos ellos se les facilitó un tren especial desde Algeciras hasta el apeadero del Ferrocarril más próxima al campo de aviación.

En el croquis siguiente, **Imagen 40**, (BVD. García Roure, J.; Del artículo "*Bahía de Algeciras*". Mayo 1899).

Imagen 40.- *Circuito aéreo Escuela y campos de aviación del raid malagueño.* (Imagen del autor).

En el croquis se indica: según (a), ubicación del hipódromo de Gibraltar en donde los aeroplanos participantes del raid aéreo no podían rendir viaje; desde finales del siglo XIX se realizaban carreras de caballos; según (b), campo de aviación; según (c), localidad de Campamento; y, según (d), localidad de San Roque.

En el vuelo inaugural, el profesor de vuelo Jean Chassagne, experto piloto del aeroplano Hanriot, llevó el aeroplano a unos 200^{mts} de altura en donde realizó vuelos describiendo amplios círculos, para finalizar con un espectacular aterrizaje, en el campo de aviación de la Escuela, aledaño al poblado de Palmones, dentro del municipio de Los Barrios. En los vuelos sucesivos, Jean Chassagne propuso dar la vuelta al Peñón, regresando por encima de las localidades de Campamento y San Roque. También tratarían de llegar a Ceuta, cruzando los 15^{km} de canal que separa esta localidad con el Campo de Gibraltar. Cuando dicho evento tuviera lugar, el general Alfau invitaría a presenciar los vuelos del aeroplano a los kadíes de las kábilas de Anÿra, para dar a conocer los adelantos que había alcanzado la aeronáutica, de cuando se realizaron las elevaciones en globo en 1908, en terrenos de la ciudad autónoma y su campo exterior.

La tentativa de llegar hasta Ceuta a través del Océano del aire, estaba sustentada por las iniciativas que se venían realizando en los logros con aeroplanos. Uno de los novedosos hitos que se había realizado, fue el cruce del canal de Calais, desde Francia a Inglaterra, recorriendo los 36^{km}, en julio de 1909, como tentativa de puente aéreo; tal iniciativa contaba con el apoyo marítimo durante el cruce.

También se venía preparando el raid aéreo Málaga-Gibraltar-Ceuta-Málaga, (1911), en donde se cruzaría el Estrecho sin abandonar suelo español, tal como manifestaron los organizadores del evento. Una vez se hubiera despegado de Málaga, (posiblemente sería en la playa de la Misericordia en donde se había realizado el festival aéreo de la ciudad de Málaga, (1910)), y antes de cruzar el Estrecho, el primer salto rendiría viaje en el hipódromo de Gibraltar, lindante con el campo neutral de Gibraltar, único lugar en donde los aeroplanos podían aterrizar.

El referido hipódromo, (actualmente forma parte del aeropuerto gibraltareño), estaba relacionado con las carreras de caballos organizadas por las Sociedades Sportivas gibraltareñas[93] de finales del siglo diecinueve.

En abril de 1911, desde el Ministerio español, a los organizadores de los eventos aeronáuticos se les comunicó la prohibición de dejar los aeroplanos dentro de las tres millas, límite de Gibraltar, distancia entre el hipódromo y Punta Europa, en consonancia a los acuerdos alcanzados en 1906, en la Conferencia de Algeciras, preservando los intereses de las naciones participantes. A consecuencia de tal planteamiento, se cambió Gibraltar por Algeciras, es decir, se optó por el campo de aviación de Palmones, en el término municipal de Los Barrios.

93.- "*Gibraltar y su Campo: guía del forastero*". (López Zaragoza; 1899).

De las referencias de Tánger y Algeciras en el marco histórico próximo

Como referente del pasado histórico próximo de los acontecimientos acaecidos, cabe considerar las noticias publicadas en la revista de transportes férreos del mes de febrero, (1908), en donde se noticiaban las siguientes referencias: "*Si Algeciras presenta interés desde el punto de vista de Tánger, no lo representa menos respecto a Gibraltar, punto de escala de varias líneas de navegación*". "*La Transatlántica española en su memoria del año* 1907, *habla de combinar un servicio entre Algeciras y Tánger con el expreso Londres-Algeciras*". "*El recorrido entre Londres y Algeciras es de* 2.587^{km}, *de los cuales* 80^{millas}, (152^{km}), *son a través del canal de la Mancha, entre Folkstone y Boulogne*".

En el Archivo Histórico Ferroviario de Madrid se encuentran referencias a las propuestas que se fueron planteando para dar solución, en donde también se barajaba la posibilidad de construir túneles bajo el agua. Y del anuario de ff. cc. españoles. CRONICAS, (1899: V), son las siguientes referencias: "La unión de los continentes por vía férrea, […] es emprendida con arrojo por bajo de las aguas en el canal de la Mancha para enlazar los ferrocarriles franceses e ingleses por debajo del agua […]."

La idea de proyecto del ferrocarril internacional presentado en la Conferencia de Algeciras, no dejaba de ser una tentativa de proyecto internacional que uniría Asia, Europa, África y América, siendo uno de los ramales europeos, Londres-París-Algeciras. El camino de hierro, ¿cómo cruzaría el canal de la Mancha?

El mismo problema se planteaba a la tentativa de unir "en ferrocarril", Algeciras con Ceuta. Uno de los escollos a resolver eran los anchos de vía existentes entre los ferrocarriles, español y europeo; estos diferían en su anchura, por el desarrollo inicial que hubo en las diversas regiones de la geografía europea, y para llegar al continente africano, se tenía que dar solución a esa diferencia existente en el ancho ya que tenía que cruzar toda la península Ibérica, como quedaba puesto de manifiesto en una de las enmiendas del ambicioso y complejo proyecto. En una de ellas se propuso que el ancho de la vía fuera el internacional, tal propuesta fue rechazada.

En el siguiente croquis, **Imagen 41,** (AHF-FFE. Sig. S-0260-001-001-11. Año 1919. "*Expediente relativo al proyecto de Ley del ferrocarril eléctrico ancho normal internacional y de doble vía entre la frontera francesa y Algeciras*").

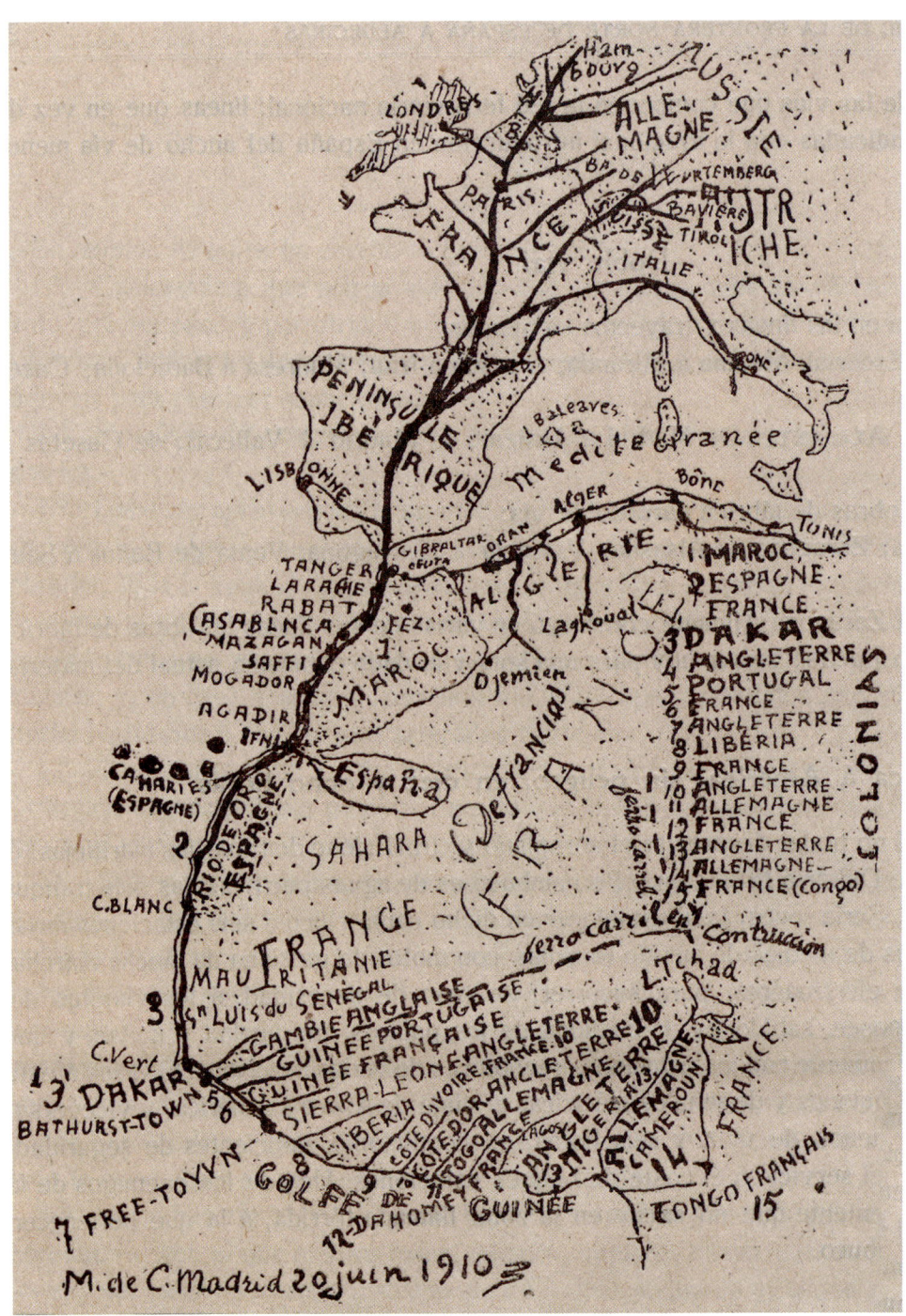

Imagen 41.- *Croquis de trazado de los caminos de hierros que unirían Europa con África.*
Año 1910.

Uno de los objetivos contemplados estaba en asumir la entrega de la correspondencia postal internacional, como se venía haciendo en cada uno de los países en donde estaba establecido el ferrocarril. Un ejemplo de la aplicación del ferrocarril internacional, sería poner en comunicación la península Ibérica con las islas Canarias; tal tentativa quedaba expresada en los términos: "El Ibero-Afro-Americano o Afro-Americano, será el camino de hierro que enlace, digámoslo así (pues quedará reducido a dos o tres horas la travesía marítima), a España con su provincia de Canarias […]. El camino de correspondencia, de los paquetes postales y de los viajeros para Argelia y tal vez para Túnez y Suex, será desde Francia o desde España, por Ceuta."

De la ciudad de Tánger, algunas de las referencias en el establecimiento del correo postal español, en el interior de Marruecos, están relacionadas con el cambio de dependencias administrativa que hubo en la oficina de Tánger, la cual venía dependiendo de la de Cádiz, hasta que pasó a ser una oficina de Administración principal, (1908). En su reorganización, las estafetas asociadas a Tánger, en el territorio de Marruecos, fueron las de: *Tetuán, Arcila, Larache, Alcazarquivir,* y más alejadas estaban las de: *Casablanca, Safi, Mogador, Mequinéz, Marrákech, Fez* y *Rabat.*

Los enlaces entre algunas de las oficinas se habían realizado por medio de *rekkas* o peatones, (valijeros o *correos de a pie* encargados de llevar la correspondencia entre pueblos cercanos).

En el siguiente croquis, **Imagen 42**, (BVD. "*Trazado fronterizo de los diversos Tratados*". Ref.- MAR-C.4-069). Sobre el plano se han trazado las estafetas de correos dependientes de Tetuán, y los consulados de la Legación de Tánger, una vez que se establecieron los límites de los protectorados, correspondiente al año 1912, en el croquis corresponde al trazado de la línea en color rojo.

Se publica el R. d. de 28 de febrero, (1913), según el Convenio hispano-francés, por el que se "debía de establecer una organización definitiva para el funcionamiento de la acción española en Marruecos, motivado por la Conferencia de Algeciras, (1906), cuyas relaciones con el número de los departamentos establecidos, o que se establecieran, se debían de verificar por intermedio de la Legación de V. M. en Tánger, de la cual dependen los cónsules y agentes consulares en *Tetuán, Arcila, Larache* y *Alcázar,* [Alcázarquivir], las escuelas, los dispensarios y, en general, los servicios que no están, como el de Correos y Telégrafos, bajo la dirección inmediata de los centros administrativos de la Península", (D. O. Nº 48; 1913).

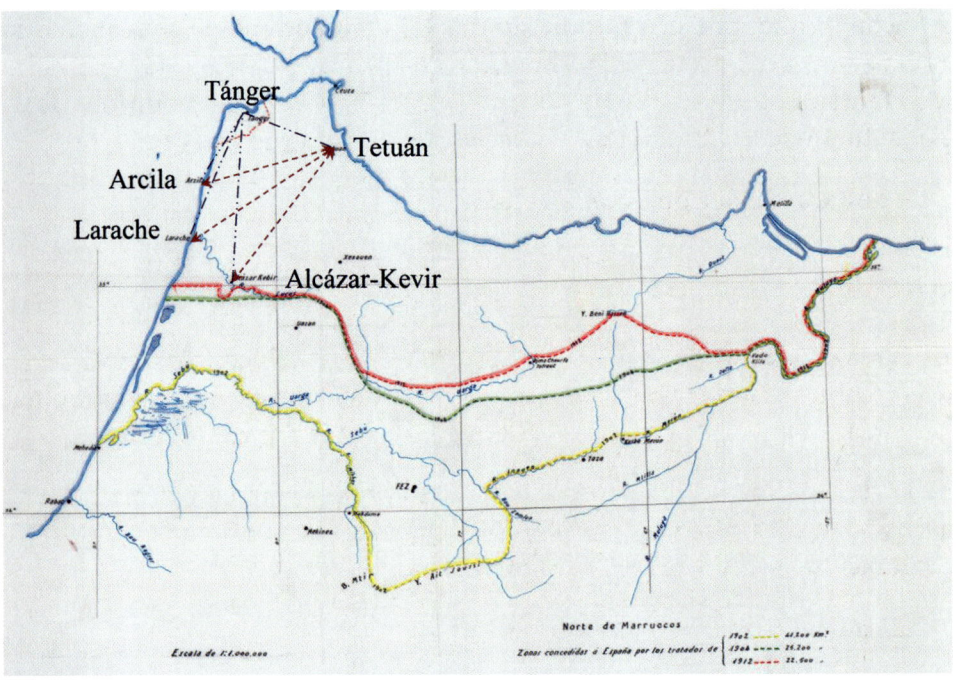

Imagen 42.- *Estafetas de Tetuán*, (flechas en trazo morado discontinuo), *y Consulados dependientes de la Legación de Tánger*, (líneas en trazo azul discontinuo). (Imagen del autor).

Respecto a las Estafetas que en su momento tenían la administración principal en Tánger, una vez establecida la zona del Protectorado español, pasaron a depender, de Tetuán. Respecto a la oficina de correos inglesa en Tánger, seguía abierta sin otra dependencia administrativa que la asignada por la administración inglesa.

De la Comisión a Tetuán

Se había publicado en la Gaceta de Madrid, (Nº 14; 1911), el acuerdo entre España y Marruecos, para poner término a las dificultades suscitadas en las regiones limítrofes a las plazas españolas, para facilitar el desenvolvimiento ordenado de los tratados para el tráfico comercial en dichas comarcas; dicho acuerdo estaba firmado en París.

Del referido diario, se trasladan las siguientes referencias de la Comisión que se realizó en Tetuán para buscar un lugar en donde establecer un campo de aviación y una zona en donde acampar la aerostación. Ésta se inicia el día 11 de octubre, (1913), saliendo desde Madrid en ferrocarril a Algeciras.

A dicha localidad llegó el domingo día 12, y en automóvil, se realizó una visita al campo de aviación, ya referido, en las inmediaciones de la aldea de los Palmones, término municipal de Los Barrios, en el Campo de Gibraltar, por si fuera de utilidad para establecer un puente aéreo en el Estrecho.

• **Del objeto de la Comisión a Tetuán**

El lunes día 13, se embarcan para Ceuta; una vez en Ceuta, siguen camino a Tetuán. El martes, a caballo, reconoce la zona de Lauzien, próxima a Tetuán.

Al finalizar el reconocimiento del terreno para establecer los campos en donde ubicar la aviación y aerostación expedicionarias, regresan a Ceuta, embarcando para continuar viaje de regreso a Madrid, vía Algeciras.

El 17 de octubre, (1913), se ponen órdenes para ir a Tetuán, aerostación y aviación, y, diez días más tarde, el 27 de octubre, se publica oficialmente la prohibición de volar sobre Gibraltar.

• **Del traslado de la Aeronáutica a Tetuán**

Una vez trasladados todos los medios de la aviación y aerostación expedicionaria, en Ceuta, cada una se desplazó a los lugares previstos. La aviación al campo provisional de *El Adir*, (después, aeródromo de Tetuán), y la aerostación, también de forma provisional al campamento en *Sannia Raniel*, junto al río Martín, ambos próximos a Tetuán.

Respecto a la aerostación, se requería montar el campamento con objeto de iniciar las observaciones aerosteras para reconocer el abrupto terreno montañoso, hasta la fecha, también caminos precarios para conducir medios rodados.

En el siguiente plano, **Imagen 43**, (Centro Geográfico del E.T. Mapa provisional en E: 1/50.000. 1934. YABELA H4-2. "*TETUÁN*". 2ª EDICIÓN). En el plano se indican: según (a), aeródromo de *El Adir*, (quedó concluido definitivamente en 1920); y, según (b), campamento de la Aerostación expedicionaria *Sannia Ranel*.

Iniciar el montaje de los medios aéreos y montaje de las respectivas infraestructuras conformando el aeródromo tenían por objeto iniciar los primeros vuelos locales de acomodación y reconocimiento, condicionados a la disponibilidad de gasolina, (circunstancia similar que ya había experimentado al aerostación expedicionaria respecto al suministro de gas

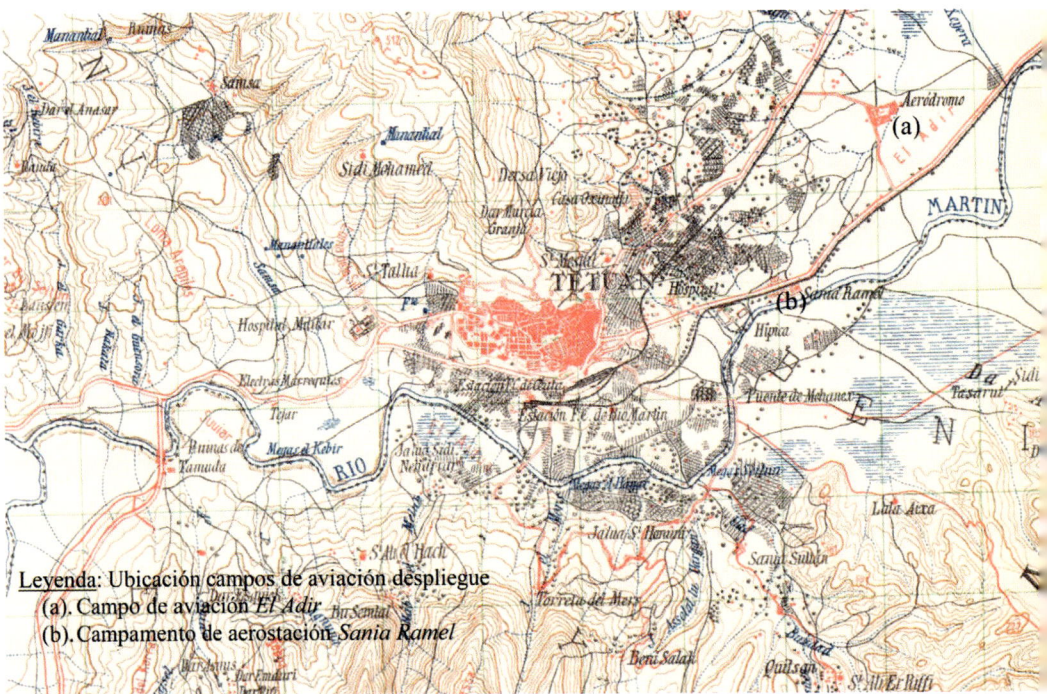

Imagen 43- *Ubicación de los primeros lugares en donde desplegó la Aeronáutica.*
(Imagen del autor).

hidrógeno), para los 14 aeroplanos[94], tipos *Newport*, *Lohner* y *Farman*, trasladados desde Madrid.

La aerostación al acampar en las inmediaciones del río Martín, además de los cilindros con hidrógeno comprimido de dotación, cabe conjeturar sobre la posibilidad de que también se hubiera trasladado algún generador de hidrógeno, del Parque de Guadalajara, al campamento de Sannia Ranel como medio alternativo para suplir cualquier imprevisto que pudiera surgir en el suministro de hidrógeno.

94.- Posteriormente los aeroplanos que se fueron incorporando, se distribuyeron entre los aeródromos de Zeluán, Tetuán y Arzila. En 1920, se había finalizado el acondicionamiento de estos tres aeródromos.

PARTE XIII (1914 – 1915):

APROXIMACIÓN A LAS RELACIONES AERONÁUTICAS INTERNACIONALES

Del Proyecto para organizar el poder aeronáutico español, 1914

El hecho de haber finalizado la experimentación de aeroplanos, haber iniciado la conjunción de las tres ramas aéreas, (globos, dirigibles y aeroplanos), y haberse realizado el primer despliegue de los medios aeronáuticos, se consideró que se había establecido el embrión aeronáutico en España.

Para llevar a cabo una tentativa de proyecto de necesidades aéreas que se venía estableciendo, se le encomienda al Jefe de la aviación expedicionaria, en el Protectorado español, que establezca un proyecto sobre las necesidades aeronáuticas y la organización de la previsión de los medios aeronáuticos.

Concluido el proyecto, para la organización de los medios necesarios en el Protectorado, fue presentado con el título: *"De Organización del poder aeronáutico español"*, en el mes de julio, (1914), en él se recalcaba que para la Aerostación, el autor del mismo no podía establecer una propuesta firme, por no estar familiarizado con dicho Servicio, siendo una opinión personal la que proponía para la adquisición de dirigibles que cooperasen con los aeroplanos en la defensa del territorio y que, también, se establecieran rutas de navegación para los dirigibles dentro de los límites del protectorado; siendo el número y tipos de dirigibles, así como dónde ubicar las estaciones, (hangares y posibles postes de amarre o postes campamento), fijas y desmontables, materias que requerían de un detenido estudio que tenía que ser realizado por personal aerostero cualificado.

La propuesta, con las reservas mencionadas, establecía que se adquirieran dos dirigibles de una capacidad entre 20.000^{m3} y 35.000^{m3}, sirviendo el dirigible *España* como Escuela Práctica, una vez que se le hubieran hecho las diversas mejoras[95] necesarias. Para la producción y compresión del hi-

---

95.- A mediados del mes de septiembre, (1911), se hicieron pruebas con el dirigible *España*; una vez resueltos los problemas de la envolvente, por la Casa Astra, las pruebas de navegación no se continuaron hasta enero, (1913).

drógeno, proponía: añadir una estación de producción y compresión, en el terrenos del Protectorado y otras tres más en bases navales, (independientemente que fueran de Marina o de Guerra), o en otros emplazamientos más adecuados que se eligiesen, tenido presente que la base naval de Cartagena, en el mar Mediterráneo, era la *"centinela norte del saco oriental del Estrecho de Gibraltar para la vigilancia de la navegación"* en la defensa de las costas.

Tal propuesta, conllevó presupuestar los siguientes conceptos: *Modificación dirigible España*, (50.000^{Pts}); *Adquisición de dos dirigibles entre* 20.000^{m3} y 35.000^{m3}, (1.600.000^{Pts}); *Instalación de cuatro estaciones completas de hidrógeno*, (1.100.000^{Pts}); *Material auxiliar y repuestos varios*, (100.000^{Pts}); y *Otras instalaciones y edificios*, (100.000^{Pts}). Una vez que se hubiera adquirido, quedaba considerar atenderlo, por lo que se estableció la siguiente valoración económica: *Gastos de escuela, dos campañas de 45 días del dirigible Escuela*, (30.000^{Pts}); *Gratificaciones al personal navegante*, (20.000^{Pts}); *Gasto de talleres y experimentos*, (30.000^{Pts}); *Una campaña de 50 días de cada dirigible grande*, (120.000^{Pts}); *Reparaciones y entretenimiento de material*, (80.000^{Pts}).

Difundir los logros alcanzados con los medios aeronáuticos para vulgarizar el "Dominio del aire", en el mes de octubre, (1914), se dio una conferencia en el Ateneo de Madrid sobre el desarrollo que iba alcanzando la Aeronáutica, a falta de un Reglamento de Navegación aérea.

• De los temas aeronáuticos a definir

Iniciada la desestabilización europea, desde el punto de vista aeronáutico, en el mes de marzo, (1915), el director de la Aeronáutica militar conferencia con el Ministro para tratar temas aeronáuticos relacionados con: *Marina*, creación de una aviación de alta mar; *Cartagena*, buscar un lugar idóneo en donde establecer una base de hidros; *Categorías*, establecer las categorías para agrupar los diferentes medios aeronáuticos; y *Tánger*, qué relaciones políticas internacionales se deberían de coordinar con la localidad y su campo exterior, como zona neutral.

- De las Relaciones con Marina

Las Relaciones con la Marina, hasta la fecha, pasaba por la continuidad en formar oficiales de Marina, como pilotos, en la Escuela militar de aeroplanos y, una vez quedase establecida la Escuela de hidros, en el Mar Menor, hacer la transformación a los hidro-aeroplanos a excepción de la aviación de alta mar, cuestión por definir.

- Del lugar idóneo para una Escuela de hidros próxima a Cartagena

En el mes de mayo, (1915), se establece una Comisión encargada de buscar terrenos para establecer una Escuela de hidros, en el extremo del *saco oriental del Estrecho de Gibraltar* para la defensa aérea de costas. Encontrar unos terrenos próximo a Cartagena, en donde establecer la referida Escuela, conllevó visitar los siguientes lugares: la *bahía de Cartagena*, además de hacer mucho viento el día de la visita, la conformación montañosa de la entrada al puerto dificultaba la idoneidad para establecerla en el puerto. Y, no alejados de Cartagena, fueron visitadas las localidades de *El Algar* y de *Los Urrutias*, y los terrenos aledaños a la localidad de Los Alcázares, en el término municipal de *Pacheco*, lindantes éstos con el Mar Menor. Estudiadas las propuestas de los lugares referidos, se escogieron los terrenos de la finca Torre del Rame, en el término municipal de Pacheco, (Murcia), de 352.670^{m2} de superficie, (G. M. N° 285; 1915), para ubicar la escuela de Hidroaviones con dependencia del Centro de Experimentación de Cuatro Vientos.

En la primera fotografía, **Imagen 44**, (Archivo Academia General del Aire, (AAGA). 1936. "*Puerto de Cartagena*"), se indica: según (b), puerto; y según (a), rada del puerto de Cartagena, y a la izquierda de la rada siguiendo la costa hacia Cabo Palos se llega al Mar Menor.

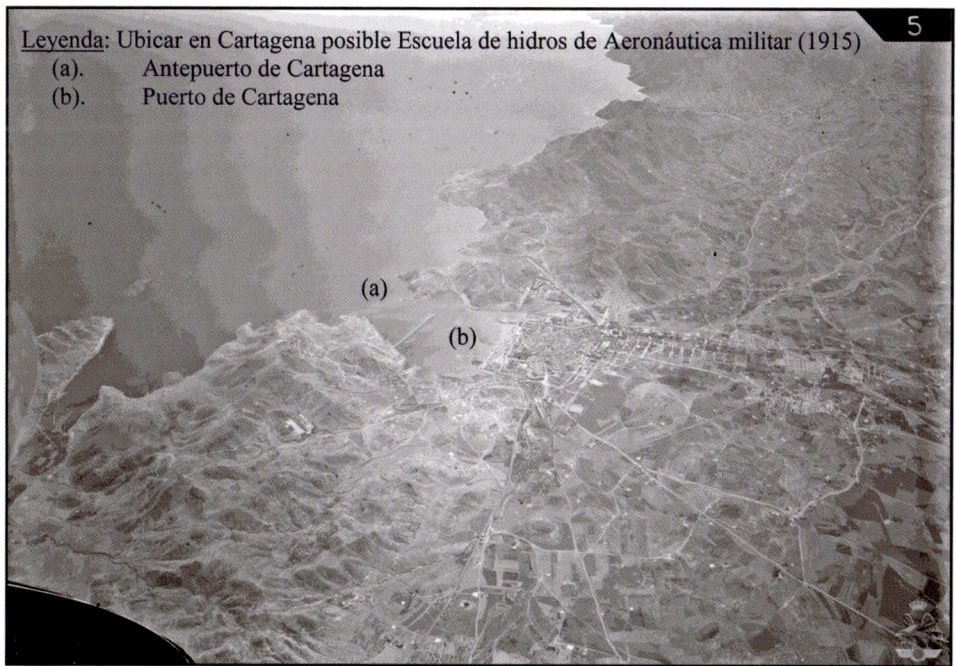

Imagen 44.- *Vista aérea del puerto de Cartagena y la costa litoral.*

En la siguiente fotografía, **Imagen 45**, (AMSJ. Miguel Ferrer-124. S/F. "*Vista aérea del Mar Menor*"), en ella se indican los lugares que visitaron para ubicar la Escuela; según (a), terrenos de Los Urrutias; según (b), terrenos de El Algar; y, según (c), terrenos de Torre-Pacheco, lindante con Los Alcázares; como referencia geográfica, según (d), Faro del Cabo de Palos.

Imagen 45.- *Lugares visitados para ubicar una Escuela de hidros próxima a Cartagena.* (Imágenes del autor).

Las aguas del Mar Menor están preservadas de los oleajes del Mediterráneo y se encontraban comunicadas por carretera y ferrocarril, por lo que uno de estos lugares fue el candidato, como ya se ha referido, en donde se iba a establecer la referida Escuela de hidros.

- De las Categorías

Inicialmente los medios aéreos se clasificaban en dos grupos, los más ligeros que el aire, los *globos aerostáticos*, y los más pesados que el aire, las *cometas*, diferenciándose por la fuerza que utilizaban para elevarse, gas e intensidad del viento, respectivamente.

Con el motor *de combustión interna*, se desarrollan los aeroplanos y los hidroaeroplanos, dando lugar a una nueva clasificación, con ruedas y con flotadores. Al ponerlos en conjunción, dentro de la diversidad de los escenarios aéreos, se agrupaban en tres categorías, *exploración, reconocimnto* y *combate*, dando lugar a una compleja organización.

Cabe mencionar que hasta la fecha no existía la aeronáutica naval, aunque sí bien había oficiales de Marina que fueron formados como pilotos en las escuelas de la Aeronáutica militar.

• De los medios aerosteros

La diversidad de medios aerosteros, globos esféricos, globos-cometa y dirigibles, se debía de conservar dando, en su conjunto, el desarrollo más adecuado, introduciendo las mejoras y modificaciones oportunas. Respecto a la aplicación que debería de darse a los globos cautivos, tendría por finalidad principal la corrección de tiro de la artillería y la preparación de observadores de aeroplano, según se proponía en el proyecto.

De la obtención de hidrógeno, en relación al desarrollo que debiera darse a la Aerostación, pasaba por aumentar la dotación de cilindros para el hidrógeno comprimido y reemplazar los compresores de gas disponibles por otros más potentes y perfeccionados, movidos por electromotores. El problema asociado con la utilización de gas, como fuerza ascensional, eran las telas que estaban condicionadas a la calidad del gas. Al no ser posible obtener telas en el extranjero, motivado por los acontecimientos convulsivos que se estaban viviendo, los cuales dificultaban cualquier suministro de material, se consideró necesario contar con la posibilidad de implantar en España, la industria de las telas cauchutadas, esenciales para la Aerostación.

- De la Zona neutral de Tánger

Respecto a la ciudad cosmopolita de Tánger, zona en donde confluían intereses internacionales, siendo los intereses diplomáticos los que motivaron el establecimiento de una zona neutral alrededor de la localidad tangerina, como zona pacificada de interés internacional, neutral y cosmopolita.

Los referidos intereses, internacionales y cosmopolitas, de las rutas de entrada al Mediterráneo, desde el Atlántico por el canal natural de Tarifa que les daba acceso al Océano Índico, cruzando el canal artificial navegable por el istmo de Suez, estaban para preservar la neutralidad de las colonias francesas e inglesas en el Mediterráneo. La situación estratégica de ambos canales dio lugar a que se buscase establecer, por un lado, la no fortificación de las costas africanas del Mediterráneo, promovida por la situación geográfica de las estaciones inglesas en el referido mar Mediterráneo, (según los Artículos 4°, 6° y 7° de la *Declaración entre el Reino Unido y Francia acerca de Egipto y Marruecos*), y, por otro, el establecimiento de puertos francos en las costas del norte de África, para facilitar el tránsito de las mercancías a través del Mediterráneo.

En el siguiente plano, **Imagen 46**, (BVD. Cuerpo E. M. del Ejército. 1920. *"Marruecos. Croquis del territorio de las Comandancias Generales de Ceuta y Larache* [MAR-C.26-350]"

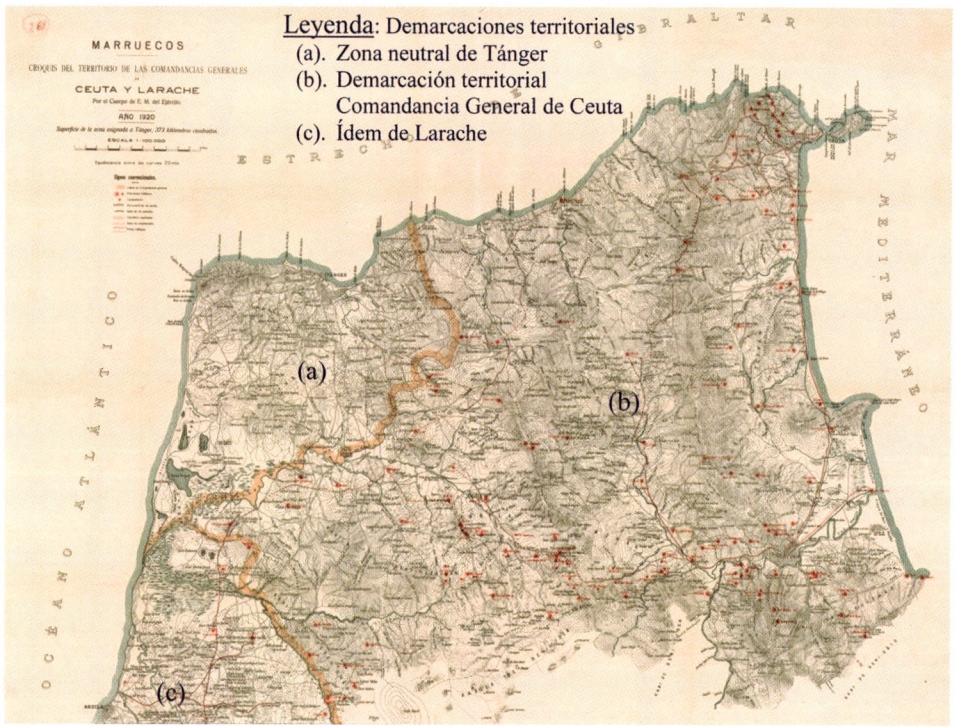

Imagen 46.- *Zona neutral de Tánger.* (Imagen del autor).

En la imagen se indican las siguientes referencias: según (a), zona neutral de Tánger; según (b), demarcación territorial de la Comandancia general de Ceuta para el Protectorado; y, según (c), ídem de Larache. La Comandancia general de Larache fue creada por R. d. de marzo de 1913, con dependencia del Comandante general de Ceuta, sustanciada por el convenio hispano-francés sobre Marruecos de 27 de noviembre, (1913).

PARTE XIV (1917–1918):

TENTATIVA PARA COORDINAR LOS NUEVOS ESCENARIOS AERONÁUTICOS

De la reorganización aeronáutica española 1917-1918

Sobrevenida la convulsión bélica en el escenario europeo, la aeronáutica en España se encontró que los contratos existentes con Casas o Fábricas en el extranjero quedaron anulados y fue preciso atenerse a los recursos que se pudieran fabricar en España, con la particularidad de que no estaba desarrollada la industria aeronáutica. ¿Cómo atender al desarrollo aeronáutico alcanzado?

Ante la necesidad de la reorganización de la aeronáutica española, se promulgó la R. o. de 16 de abril de 1917, disponiendo que por el Estado Mayor Central, (EMC), nombrase una Comisión para que estudiase las Bases fundamentales para la reorganización del Servicio de aeronáutica militar necesaria ante el diversidad de medios y escenarios que se estaban poniendo en conjunción.

Las bases estaban fundamentadas con las respuestas a un cuestionario que se preparó y repartió entre los diversos organismos y autoridades competentes en materia aeronáutica para su cumplimentación. El trabajo de la Comisión, una vez estudiadas y aprobadas las bases fundamentales propuestas, con fecha 11 de marzo de 1918, se remitió al Ministro para la resolución que se estimara oportuna.

- **Del Cuestionario para el estudio de la organización del Servicio Aeronáutico del Ejército redactada por la Ponencia nombrada por la Junta del EMC en el acta Nº 9 de la Sesión de 2 de julio de 1917**

El referido Cuestionario constaba de las partes siguientes: *Organización en general*; *Personal*; *Instrucciones*; y *Material*. De ellas, solamente se consideran algunas de las cuestiones correspondientes a las partes primera y cuarta, incidiendo, principalmente, en las referidas a la aerostación.

A) Respecto a la *Organización general*, algunas de ellas son:

1ª.- ¿Debe existir un solo Servicio de aeronáutica para los Ejércitos de mar y tierra?

4ª.- ¿Debe organizarse como Servicio o como Cuerpo independiente del resto del Ejército?

6ª.- ¿Debe estar la rama de Aviación separada de la rama Aerostación?

7ª.- Caso de estimarse conveniente la separación de las ramas de aerostación (globos y dirigibles) y de aviación (aeroplanos e hidroplanos), ¿Qué lazos de unión procede establecer entre ambas y a cuál de ellas deben de afectarse los trenes de cometas, o cometas en tándem?

13ª.- Organización, dependencia y funcionamiento de la aviación de Artillería. Sus características.

15ª.- Sobre la base de que conviniera que los Servicios de Aeronáutica de Guerra y Marina estuvieran reunidos en un solo organismo o bajo una dirección única ¿Debe crearse la especialidad de la aviación de alta mar? Su Organización, mando de sus Unidades. Buques auxiliares.

16ª.- Creación de un cuerpo de aerostatos y aviadores civiles voluntarios.

B) Correspondiente al cuarto apartado del cuestionario, *Material*, son las siguientes referencias.

3ª.- Razones que aconsejan dotar o no a nuestro Ejército de dirigibles construidos en nuestro país o en el extranjero.

4ª.- Ídem para los trenes de cometas o cometas en tándem.

11ª.- Ventajas e inconvenientes de que los Parques y Talleres para aparcar y recomponer las distintas variedades del material aeronáutico (globos cautivos y libres, dirigibles y sus motores, aviones y sus motores, trenes de cometas, accesorios y respetos de toda clase, camiones, etc., etc.), se organicen con dependencia del Cuerpo de Ingenieros o del de Artillería o de otro Cuerpo o Arma del Ejército, parcialmente o en su totalidad.

Redactado en Madrid en el mes de septiembre de 1917.

• **Contestación al cuestionario, presentada por el vocal de la Junta Técnica aeronáutica, Cptan. Herrera, como voto particular.**

A) Correspondiente a la primera parte del Cuestionario, *Organización general*, se entresacan, de las respuestas dadas, los párrafos siguientes:

1ª.- Cuando el desarrollo de ambas aeronáuticas (para mar y para tierra) sea lo suficiente para que la desmembración no sea un inconveniente podrá aconsejarse la separación de los Servicios de tierra y de mar, si es que entonces no se considera preferible constituir con ambos un departamento aeronáutico que, con el de Guerra y el de Marina, **integren los Ejércitos de Tierra, Mar** y **Aire**. […].

4ª.- Se han estudiado las soluciones que han adoptado en los ejércitos extranjeros para resolver problemas análogos, […]. Lo que se propone está inspirado en la organización del *Real Cuerpo Aeronáutico Inglés* (*Royal Flying Coprs*). Según esto es conveniente que la Aerostación siga siendo un Servicio de Ingenieros, […].

6ª.- Aunque el material y las condiciones y conocimientos necesarios para el personal son completamente distintos en aerostación y en aviación, […], sus servicios se auxilian y se complementan mutuamente. Los trenes de cometas deben de afectarse a la rama de aerostación, porque el material de arrastre, retención y comunicaciones necesarios para ellas (cables, carros-tornos, teléfonos, &.) es análogo al de los globos cautivos.

En la siguiente fotografía, **Imagen 47**, (AHEA. *"Carro-torno equipado para globos cautivos"*. Sig. N1878-11 del álbum fotográfico Pedro Vives 053).

Imagen 47.- *Carro-torno para globos cautivos.*

15ª.- La aviación de alta mar debe ser la formada por los hidro-aeroplanos afectos a las Escuadras, su personal debe ser preferentemente
procedente de la Armada pero del Servicio de aeronáutica. [...],
debe tener el Servicio de aeronáutica los buques auxiliares, (canoas
automóviles, botes, &), que sean necesarios.

16ª.- Según el vigente reglamento de relaciones entre el Ministerio y
el Real Aero-Club de España, los miembros de esta sociedad que
tengan el título de piloto de globo expedido por la Federación de
Aeronáutica Internacional son considerados como oficiales de la
reserva de Aerostación en tiempo de guerra.

B) Correspondiente a la cuarta parte del Cuestionario, *Material*, se entresacan las respuestas dadas, vertidas en los párrafos siguientes:

1ª.- El material aeronáutico puede clasificarse en aerostatos, (globos
cautivos cometas, globos cautivos esféricos, dirigibles ofensivos,
dirigibles de exploración y libres que sirven únicamente de escuela
para las otras dos clases), y trenes de cometas, (con observadores
o con equipos registradores), para la rama de aerostación, y aeroplanos para la rama de aviación, (dentro de las siguientes categorías: de escuela, de reconocimiento, para responder a las ofensas e
hidro-aeroplanos con las mismas categorías).

Deben desecharse los globos cautivos esféricos y adoptar el tipo de
globo-cometa, modelo Sigsfeld, de 600^{m3} a 1.000^{m3}, según el uso al
que se destine, y a la altura del nivel del mar que tenga el terreno
sobre el cual se opere.

En la siguiente fotografía, **Imagen 48**, (BVD. Ortiz Echagüe, J. Sig. F.05235.
1886-1980 *"Entrada de un globo cometa en un barracón en el Polígono de
Guadalajara"*).

En la imagen se indican diversos elementos del globo-cometa, sistema
Parseval-Sigsfeld, en donde se puede apreciar las majestuosas dimensiones
frente al personal requerido para su manejo, en el suelo. Este tipo de globo
es el propuesto por Herrera, sancionado por su experiencia, para que los
pilotos aerosteros realizaran algún vuelo libre en él.

Los modelos de dirigibles que más empleo han tenido en la guerra actual,
[en el teatro europeo de operaciones aéreas], han sido los súper-zeppelines
y los titanes alemanes de 30.000^{m3} y 45.000^{m3}, para ofender desde el aire,

Leyenda: Entrada globo cometa al hangar en el Polígono de experimentación
- *Válvula de cabeza de desinflado de seguridad* (V), en la semiesfera de cabeza constituida por 9 husos de tela cauchotada, (5) de color amarillo y (4) de blanco.
- *Banda de lona o cintura de amarre*, (B) cosida a la envoltura.
- *Banda de lona* ($b_1 b_2$) *en donde quedaba cosida la aleta* (S) a la envolvente.
- *Lazadas tipo Patas de ganso* (c), que unen el cordaje a la cintura de amarre (B).
- *Aleta de forma rectangular* (S), para una mayor sustentación.
- *Parte inferior del Timón* (T), desinflado.
- *Cilindros de hidrógeno* (H) en dos apilamientos.

Imagen 48.- *Globo-cometa sistema Parseval-Sigsfeld previo a entrarlo al hangar.* (Imagen del autor).

y los dirigibles de exploración de costas inglesas del tipo Astra-Torres y "Blimps[96]" de 12.000^{m3} y 4.000^{m3} respectivamente.

Los globos libres deben ser esféricos de 600^{m3} a 2.000^{m3}, según el número de pasajeros que se quiera transportar y el recorrido que se quiera hacer. También es conveniente que los pilotos aerosteros hagan alguna ascensión libre en globo-cometa.

3ª.- De los medios aerosteros de exploración marítima han resultado de gran eficacia, no solo los grandes zeppelines sino también los pequeños dirigibles ingleses referidos, por lo que sería conveniente comenzar a implantar este servicio, adquiriendo o construyendo globos análogos a los de estos modelos.

Los trenes de cometas deben ser ensayados aunque su adopción no es de gran urgencia.

Firmado en Madrid el 12 de noviembre de 1917. Emilio Herrera

96.- *Blimps* o dirigible *no rígido*. Estos dirigibles no tienen estructura que le de forma, ésta se consigue mediante su envolvente externa, junto con superficies catenarias, ballonets y cables. (Gómez. 1985).

• **De la Junta Facultativa de Ingenieros del Ejército. Acuerdo Nº 425. Informe relativo al Cuestionario sobre Organización del Servicio de aeronáutica militar**

A) Del Informe presentado por la referida Junta de Ingenieros, correspondiente a la primera Parte, *Organización general*, son las líneas siguientes, algunas de las referencias a las respuestas dadas:

1ª.- Los Servicios de Aeronáutica de alta mar deben depender única y exclusivamente de la Marina, con independencia del actual Servicio de aeronáutica. Los correspondientes a la defensa de costas deben estar encomendados al Servicio de aeronáutica militar, pero en íntimo consorcio con la aeronáutica naval.

3ª.- En tanto el mayor desarrollo de la Aeronáutica militar no exija la creación en el Ministerio de una Sección consagrada sólo a este Servicio, el despacho de los asuntos debe continuar a cargo de la Sección de Ingenieros.

6ª.- Las ramas de Aerostación y Aviación deben de continuar íntimamente unidas. Los trenes de cometas deben estar afectos a la Aerostación.

13ª.- Ni existe, ni a juicio de esta Junta debe crearse la "Aviación de Artillería".

15ª.- No parece conveniente que los Servicio de aeronáutica de Guerra y de Marina, deban constituir un sólo organismo o estén bajo una dirección única. Aún en este caso, sería indispensable crear la Aviación de alta mar, cuya organización dependiente del Cuerpo General de la Armada habría de armonizar con el resto de la Aeronáutica la Dirección del Servicio.

16.- Sería en extremo conveniente fomentar sobre el elemento civil el amor a la aerostación y aviación a fin de crear un cuerpo de aerosteros y aviadores civiles.

B) Correspondiente a la cuarta Parte, *Material*; de las respuestas dadas, algunas referencias son las que se trasladan a continuación:

3ª.- Parece aventurado en los momentos actuales el precisar cuáles son los tipos de aeronaves que deben integrar el Servicio de aeronáutica y más aún el pretender detallar sus características, pero si se puede adelantar que la rama de Aerostación debe contar con globos-cometas y con globos esféricos.

11ª.- El material de Aeronáutica se custodiará en los Parques que para este servicio se establezcan especialmente. Al no haber en la Nación industria privada para cubrir todas las necesidades del Servicio de aeronáutica, en caso necesario, no se podrá subvenir a las necesidades con los recursos propios existentes cuando las necesidades lo requieran.

Firmado en Madrid el 18 de febrero de 1918.

- **De la Junta Facultativa de Artillería en 26 de octubre de 1918, [notas manuscritas], y en informe Nº 65. Observaciones al Proyecto de reorganización del Servicio de aeronáutica redactado por el Estado Mayor Central.**

De las mismas se trasladan algunas de las referencias puestas de manifiesto. Respecto a la *Organización general*, en el punto primero se propone: "Debería suprimirse *exceptuando las correspondientes a la exploración del servicio marítimo de las bases navales*, por formar éstas parte de lo que luego llama *servicio de la Aeronáutica de alta mar*, pues en caso contrario se encontrarían las costas con dos servicios de exploración, uno auxiliar de las baterías costeras y otro, de los barcos al abrigo de las mismas.

Respecto al material, propone la consideración siguiente: "el Servicio de aeronáutica, [aviación], debe estar encargada de la adquisición e inspección del material que ha de emplear, sólo en el momento de recibirlo de la industria privada, pero no durante la fabricación cuya vigilancia está ya a cargo de la Arma de Artillería, como ingeniero industrial que es del Ejército".

PARTE XV (1918 – 1922):

LA AERONÁUTICA ESPAÑOLA SE INCORPORA A LA NAVEGACIÓN AÉREA INTERNACIONAL

La incorporación de España a la colaboración del proyecto de Sociedad de Naciones planteaba una serie de problemas previos, en los siguientes ámbitos: jurídicos, políticos, económicos, militares, sociales, a fin de delimitar la naturaleza exacta del vínculo jurídico que uniría a los países miembros. Evaluar el impacto que tendría para España su adhesión al citado organismo internacional, conllevó a crear una Comisión, encargada de estudiar, desde los puntos de vista de los intereses y conveniencias nacionales, la eventual constitución de una Sociedad de las Naciones y la participación de España en la misma, en su plena soberanía, compuesta por siete vocales nombrados por el ministro de Estado y por otros siete designados por la Real Academia de Ciencias Morales y Políticas, la Comisión General de Codificación, el Estado Mayor Central del Ejército y el de la Armada, la Junta de Aranceles y Valoraciones, el Consejo Superior de Fomento y la Real Academia de Jurisprudencia y Legislación, según se establecía en el real decreto de 9 de diciembre, (G. M., Nº 344; 1918).

Del Proyecto de reorganización de la Sección y Dirección de Aeronáutica en un Centro único con el nombre de Dirección

El 30 de agosto de 1918, se dispone que el General Jefe de la Sección de Aeronáutica asuma las atribuciones que el Reglamento de Aeronáutica militar de1913, confería al Coronel Director del Servicio. Por otra parte, según consta en el proyecto, el desarrollo creciente del Servicio de aeronáutica y los múltiples asuntos encomendados aconsejaban agruparlos de una manera más práctica, de la que en esos momentos existía, creando diversos Negociados, de los cuales, uno muy importante debía de tener como misión principal, *establecer perfecta inteligencia de la aeronáutica militar con la internacional,* y con el *Negociado de aeronáutica que se cree en el Ministerio de Fomento,* a fin de reglamentar los servicios que hayan de desarrollarse y de establecer los aeródromos de etapa que han de jalonar las **líneas aéreas** que crucen la península y las radiales de Madrid a los principales centros de aviación que han de crearse.

Para llevar a cabo la reunificación de la Dirección, se proponían diversas disposiciones, siendo de ellas las dos siguientes referencias: "Se deben de sustituir los organismos existentes para crear la Dirección de Aeronáutica con dependencia del Ministerio", y "la Jefatura de esta Dirección debía ser desempeñada, por un General de Ingenieros según las atribuciones conferidas, antes referidas". El proyecto estaba firmado en Madrid en el mes de noviembre de 1919.

La aeronáutica española se integra en el Convenio Internacional de Navegación aérea (1919)

El 13 de octubre de 1919 se firmó en París el Convenio Internacional de Navegación aérea, tal compromiso requería un desarrollo particular por las naciones adheridas al Convenio. Al hilo de ello, en el último trimestre, (1919), se establecía en España el Servicio de Correo Postal Aéreo, una vez definida la soberanía aérea del Estado español, publicándose el Reglamento de Circulación aérea civil, en donde quedaban reflejadas, entre otras varias, las pautas para identificar, mediante marcas de matrícula y nacionalidad, las aeronaves de cada nación adscritas al referido Convenio de Navegación aérea.

Armonizar el desarrollo de la Aeronáutica nacional, pasaba por establecer una división territorial aeronáutica. El 17 de marzo de 1920, se establecía la organización y distribución territorial de las fuerzas y servicios de Aeronáutica militar que dividía, a estos efectos, el territorio de responsabilidad aérea nacional en cuatro Zonas o Bases aéreas y en una Zona aérea en el Protectorado, a las que se adaptarían los elementos comunes de interés general, de la experimentada aeronáutica militar y las recientes aeronáuticas comercial y naval.

En el siguiente dibujo, **Imagen 49**, (Composición del autor. *"División del territorio nacional en cuatro bases o zonas aéreas, incluyendo el Protectorado español en Marruecos"*).

La división quedaba establecida con las siguientes denominaciones: La 1ª Zona o Base aérea, con capitalidad en Madrid; la 2ª, con capitalidad en Sevilla; la 3ª, con capitalidad en Zaragoza; la 4ª, con capitalidad en León; y la Zona aérea del Protectorado, en coordinación con los Departamentos marítimos correspondientes del Ministerio de Marina.

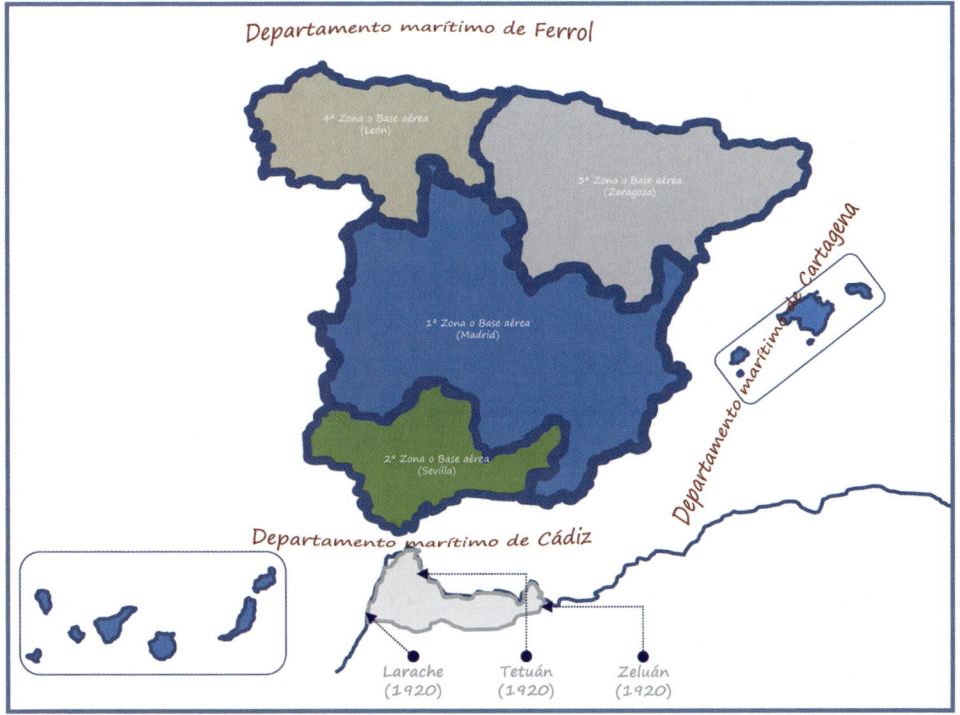

Imagen 49. *Croquis de la soberanía aérea del Estado español.* (Imagen del autor)

Del estudio de un dirigible para viajes Transoceánicos (1919)

Del trabajo titulado: «*Cómo Podría ser un Dirigible Trasatlántico Español*», realizado por Emilio Herrera y publicado en 1919, se establece un estudio en el que se desarrolla un hipotético dirigible para llevar un supuesto cruce del Océano para establecer un puente aéreo entre los dos continentes, Europa y América, del que se vierten las siguientes referencias: "*La travesía del Atlántico septentrional de continente a continente, sin escala, representa un viaje superior en longitud al doble de la mayor distancia que se ha podido recorrer por el aire, en un solo vuelo, con las aeronaves de distintas clases que se han construido hasta la fecha; su realización es, pues, principalmente un problema de radio de acción, a cuya solución se han de oponer dificultades de orden aerodinámico, constructivo y económico, con graves pero no insuperables, en nuestra opinión, para los aeronautas, ingenieros y financieros españoles. Analizar estas dificultades y estudiar una orientación para vencerlas es el objeto de este trabajo con el cual intentamos contribuir en la medida de nuestras escasas fuerzas a la solución de tan importantes problema*".

En el primer apartado que describe, Causas que **limitan el radio de acción** de un dirigible, de las que se entresacan las siguientes referencias: "*El máximo recorrido que puede efectuar un globo dirigible está limitado por tres causas principales*: Primera, "Por el consumo de la cantidad de energía almacenada en la carga máxima de combustible que permita la fuerza ascensorial del globo"; Segunda, "Por la pérdida de gas por la permeabilidad de la envolvente y por las dilataciones de origen térmico o barométrico", y, Tercera, "Por la acción de los vientos contrarios"

Respecto al tipo de dirigible a considerar, hace una descripción de los tres **sistemas** de dirigibles conocidos, cuyo resumen es el siguiente: "*rígidos*, (Zeppelin, alemán), *semi-rígidos*, (Forlanini, italiano), y *flexibles*. El primero presenta la ventaja sobre los demás de necesitar menor presión en el gas, lo que disminuye la pérdida por permeabilidad y permite el empleo de formas muy alargadas que favorecen la penetración."

Respecto a las iniciativas de ingenieros españoles, autores de dos sistemas de dirigibles que representaban un gran progreso en los globos de tipo no rígido, eran el sistema *Torres Quevedo* de viga funicular interior de forma triangular, y el sistema *Sanchís* que consistía en envolver la cámara de gas por una serie de cámaras de aire para proporcionar la rigidez necesaria al mismo tiempo que la preservan de las variaciones de temperatura.

El autor del estudio, proponía una combinación de ambos sistemas originales para realizar un proyecto de globo dirigible completamente español, cuyo boceto se puede resumir en los siguientes términos: "una viga rígida longitudinal inferior, en la que estarían todos los departamentos destinados a los tripulantes, motores, depósitos, etc., unida a la envolvente que sería doble, dejando entre dos telas un espacio lleno de aire, o mejor, de nitrógeno. Esta viga, rígida iría colgada de dos aristas longitudinales de la envolvente exterior por una viga funicular, o suspensión interior, característica del sistema Torres Quevedo".

• **De la forma que debe darse al dirigible**

La forma que se buscaba dar al dirigible requería que su volumen presentara la menor resistencia a su desplazamiento en el aire, alargada en el sentido de su movimiento o desplazamiento longitudinal. Se sabía que para cada alargamiento había una forma de mínima resistencia, de manera que la proa tuviera un perfil ojival; la máxima sección se encontrara en el primer tercio de la longitud y la popa afilada, para aguantar la sobrepresión que tenía que soportar durante la navegación.

- **De la capacidad**

El volumen que tenían los dirigibles construidos hasta aquella fecha era de unos 60.000^{m3}, volumen que se propuso para el proyecto del dirigible.

- **De la envolvente**

El proyecto de material para la envolvente hace referencia a las condiciones que ésta debe satisfacer, es decir, "*ser resistente, ligero* e *impermeable* al hidrógeno, resaltando las cualidades que reúne la película que cubre la superficie interior del intestino ciego de algunos animales como el buey y el carnero, llamada «baudruche» en francés y «goldbeaters' skin» en inglés, la cual es en grado superior a los demás materiales". Esta membrana, debidamente preparada, es de manipulación fácil y se utiliza para la fabricación de globos sobre todo en Inglaterra y en Alemania para las cámaras interiores de los modernos zeppelines, pero el inconveniente que presentaba era su precio, el cual resultaba muy elevado por las reducidas dimensiones de cada película y la industria de su preparación no estaba desarrollada en España, además se deterioraban con facilidad, por lo que no era apropiada para una empresa comercial.

El siguiente material a considerar, para la envolvente, era la "seda de China cauchotada, también empleada en los zeppelines, que no se deterioraba con la facilidad como lo hacía el baudruche, pero, tenía el mismo inconveniente, su elevado precio, por lo que no recomendaba su uso para la envolvente". La solución pasaba por el empleo del algodón cauchutado que se fabricaba en España, compuesto de una o dos capas con simple o doble capa de caucho, según el grado de resistencia e impermeabilidad que se quisiera obtener.

- **De los motores**

Respecto a los motores, el problema a considerar, además del número necesarios a instalar para obtener la velocidad estimada del sistema, era la "compensación del consumo de combustible, lo que conllevaba una pérdida de peso". Compensar el referido consumo requería realizar una ascensión a un nivel superior de vuelo, con lo que se compensaba la pérdida de gas y se aumentaba el radio de acción. Para dar la solución proponía: "Hacer que los tubos de escape de los motores no descargasen directamente en la atmósfera, sino que se estableciera un circuito para la circulación del gas antes de salir a la atmósfera por su extremo posterior".

• De los hangares o estaciones

El hangar para que se adaptase a la condición marítima del viaje y elimi-nara las dificultades de rendir viaje de los dirigibles de gran capacidad, proponía: "emplear hangares flotantes en una bahía, ría o lago de aguas tranquilas, anclados o sujetos por un punto tal que se orientasen automáticamente por la acción del viento, presentando siempre, al dirigible, su extremo, [final del hangar], cerrado".

• De la fabricación de hidrógeno (electrolítico)

La fabricación de hidrógeno que por razones de economía y pureza, propo-nía que se estudiara la implantación de una gran instalación electro-térmica que pudiera utilizarse para las múltiples aplicaciones de la industria mo-derna y que abaratase el precio del hidrógeno obtenido.

• Del desarrollo de la empresa para la línea aérea

De dicho apartado se entresacan las siguientes referencias: "el llevar a cabo la empresa de la línea aérea con dirigible capaz de establecer vuelos trasat-lánticos que unan España con América, requeriría tres fases sucesivas: *pri-mero,* "la construcción de un dirigible y de un hangar en una ría de Galicia de aguas tranquilas y de poco fondo"; *segunda,* "construir un hangar flo-tante en los lagos de Bras d'Or de Cabo Bretón, (Canadá), conformados por brazos de mar sin mareas, aguas tranquilas y resguardadas de vien-tos", y *tercera,* "construir un hangar en la bahía de Nueva York y establecer el servicio aéreo La Coruña-Nueva York, con punto de escala eventual en Terminal City, (o *Grand Central Zone,* en Midtown Manhatam. N. Y.)[97], como base preliminar de la red de líneas aéreas que se pretendía extender sobre el Atlántico complementando el enlace marítimo de ambos continentes".

El estudio realizado no tuvo efecto, pero si fue el sustento para la tentati-va de establecer una línea aérea española, con dirigibles *Deutsch Luftschiff Zeppelin* 127, (DLZ-127), con base en España, con la idea de poner en comu-nicación Europa con América.

97.- https://es.wikipedia.org/wiki/Terminal_City_(Manhattan)

Tentativa de una línea aérea civil española con dirigibles DLZ-127

Las nuevas circunstancias aeronáuticas establecidas por la Convención de París, (1919), tenía por objeto establecer la regularización de la Navegación aérea Internacional, en la que debía de apoyarse el desarrollo de una línea aérea con dirigibles netamente española que se quería establecer.

Por iniciativa del *Sr. Goycoechea*, presidente de la Compañía de Navegación aérea Transatlántica, solicitó la participación del comandante Herrera, en los estudios que se iban a emprender, por la referida Compañía, con objeto de establecer la comunicación aérea entre España y América del Sur, para lo cual habían llegado tres ingenieros de la Casa Zeppelin.

La comisión que se formaría, estaría presidida por *Cte. Herrera* y viajaría para realizar los estudios aeronáuticos y meteorológicos, "por lo que el referido comandante debería de encontrarse en Cádiz el día 7 del próximo mes". Con fecha 5 de agosto, (1921), se comunica a Emilio Herrera que se le concede una comisión de servicio de dos meses en Buenos Aires, por cuenta de la Compañía Transaérea Española con el objeto de "emprender los estudios aeronáuticos y meteorológicos necesarios para establecer la referida comunicación aérea".

En el mes de noviembre, (1921), en los días del 15 al 25, se celebraba en París, el Congreso Internacional de Navegación, cuyo objeto era provocar discusiones de técnicos sobre el posible desarrollo de la Navegación aérea, estableciéndose dos comisiones, una *Técnica* y otra de *Navegación*. Dentro de esta última se pretendía estudiar particularidades de la navegación, de las que se trasladan los siguientes titulares de los temas a discutir: *Rutas aéreas*; *Aeropuertos*; *Servicio meteorológico*; *Aparatos comerciales* y *postales*; *la Seguridad* y *el material*.

• Del proyecto de Empresa para establecer la línea aérea Sevilla-Buenos Aires

Las referencias que se trasladan, en este apartado, corresponden a las notas facilitadas por *Emilio Herrera* con el título: "Observaciones sobre el artículo LES LIGNES FRANCE-ARGENTINE de la REVUE de la LIGUE AERONAUTIQUE DE FRANCE". Con estas notas Emilio Herrera ponía de manifiesto cuál fue el proceso seguido para la tentativa de una línea aérea civil española con dirigibles Zeppelin y, a su vez, corregir las confusas noticias publicadas. Las notas las agrupó en cinco apartados en donde exponía el camino seguido para establecer la línea aérea transatlántica referida, partiendo de la afirmación: "*El Gobierno español no ha concertado nada con la casa Zeppelín*". De estas notas se vierten las siguientes líneas correspondientes a los apartados primero y tercero:

Del primero.-"Por deseo e iniciativa de S. M. el Rey, estudié en 1920 el mejor procedimiento para establecer una línea aérea entre España y la Argentina y propuse la adopción para ella de grandes dirigibles por creerlos las aeronaves más adecuadas para estos grandes trayectos. Unos cuantos españoles constituyeron una Compañía titulada *De Estudios para el Tráfico Aéreo Transatlántico*, cuyo objeto era el de proporcionar los medios para deducir si la idea era o no realizable, para esto se requirió la opinión técnica de la Casa Zeppelin por considerar que era la única en el mundo que había sostenido líneas comerciales de dirigibles en explotación. Los técnicos de esta casa, pidieron hacer un viaje de estudio a la Argentina, por cuenta de la Compañía española, en el que les acompañé, y una vez finalizado emitieron un informe, según el cual la Casa Zeppelin, consideraba el problema perfectamente factible, y proponía un plan de aeropuertos y de dirigibles adecuado para llevarlo a cabo.

Entonces, la Compañía Española de Estudios, adquirió el derecho exclusivo a la explotación de dirigibles sistema Zeppelin en todas las líneas que partan de España o de las naciones Ibero Americanas, o que lleguen a estas naciones desde cualquier otro país; y esta Compañía se transformó en otra titulada *Colón Transaérea Española*. Su capital es Español y la Casa Zeppelin no tiene más participación que la de proporcionar su garantía técnica que la Compañía Española ha adquirido, autorizado el Gobierno por la Ley de presupuestos para implantar una línea aérea Sevilla-Buenos Aires, la Compañía Transaérea, ha solicitado la concesión de esta línea que se tramita actualmente."

Del tercero.- "El proyecto molesta a la Aeronáutica francesa por la elevación que el papel de España ha de adquirir en la Argentina, solo con intentarlo en perjuicio de la influencia francesa en aquel país. La *Société Anonyme de Navigation Aérienne*, (francesa), tiene un contrato con la Casa Zeppelin para la explotación de sus globos en Francia y Colonias francesas, pero no puede utilizarlo para América del Sur, porque se lo impide el contrato de la Compañía española; por esto estudia Francia la línea con aeroplanos, haciendo doce escalas con transbordos y yendo de Dakar a Pernambuco con buques rápidos, en tres días.

De los tres apartados omitidos, en el segundo, comenta la valoración económica que realizó, deducida de las líneas comerciales que la Casa Zeppelin había tenido en explotación. En el cuarto, hace referencia a la prolongación a Dakar de la línea Toulouse-Casablanca, de la Compañía postal aérea Latécoère, con la tentativa de que los buques que hacen escala en Canarias, lo hagan en Dakar para que dejen el correo de América del Sur. Y en el quinto, hace una defensa de los grandes dirigibles frente a los aeroplanos.

- **De la solicitud para la concesión y adjudicación de una línea regular de dirigibles y de la construcción de un aeropuerto necesario para tal servicio**

Con fecha 6 de diciembre de 1922, el gerente de la Sociedad Colón presentó la solicitud referida en el título del apartado, de la que se vierten las siguientes líneas:

"Con la ley vigente de presupuestos se concedía al Gobierno autorización para establecer un servicio aéreo entre Sevilla y Buenos Aires, debiendo de contratar con empresas legalmente constituidas y de suficiente responsabilidad técnico-administrativa, para el establecimiento de una línea regular de dirigibles entre Sevilla y Buenos Aires, sobre la base de contribuir el Estado con una subvención anual a la construcción, en Sevilla, de un puerto aéreo convenientemente habilitado que llegue a ser propiedad del Estado después de cincuenta años."

La Sociedad Colón se constituyó en septiembre mediante escritura pública, y en el mismo mes de septiembre de 1922, suscribió un contrato con la *Luftschiffban Zeppelin Gmb*; siendo algunas de las cláusulas del contrato, en exclusiva, que se le cedía a la Sociedad Colón Transaérea Española; de las que se entresacan las siguientes referencias de las mismas: "a) para la construcción de Zeppelines; b) para la implantación en Sevilla de un servicio de escuela y viajes; c) para la implantación de una o varias líneas de tráfico entre la península Ibérica y Buenos Aires, y todos los Estados latinos de la América del sur, así como entre estos Estados, y d) la representación exclusiva para la venta de dirigibles que se construyan por la Sociedad Zeppelin, o por otra Sociedad constructora en conexión con ella, para España, Portugal, Protectorado de Marruecos y América del sur."

De los trayectos para cruzar el Atlántico desde España a Pernambuco en ferrocarril, dirigible y aeroplano

En el proyecto del ferrocarril internacional, descrito más arriba, se establece el trazado de los caminos de hierro hasta las localidades de Dakar o de San Louis del Senegal. En la carrera aeronáutica para obtener las concesiones del servicio del correo postal aéreo, se requería de campos de aviación en donde finalizar etapas hasta llegar a destino, mientras que en dirigible no requería escala alguna.

En la siguiente composición, **Imagen 50**, (Composición del autor. "*Comparación de trazado en el proyecto de ferrocarril internacional y trazado de rutas aérea de la Compañía aérea de aeropostal francesa y del dirigible Sevilla-Buenos Aires*"). Los trayectos en ferrocarril y aeroplano tenían que combinarse con transporte marítimo lo que conllevaba aumentar el tiempo de llegada a destino, al compararlos con el tiempo requerido por el dirigible.

Con el dirigible "*se acorta en tiempo la distancia que separa Sevilla de Buenos Aires, hasta el punto de reducirla a poco más de tres días, y así mismo se logra el anhelo de comunicarnos en horas con nuestras Islas Canarias.*" (Aunós Pérez, E.; 1927.)

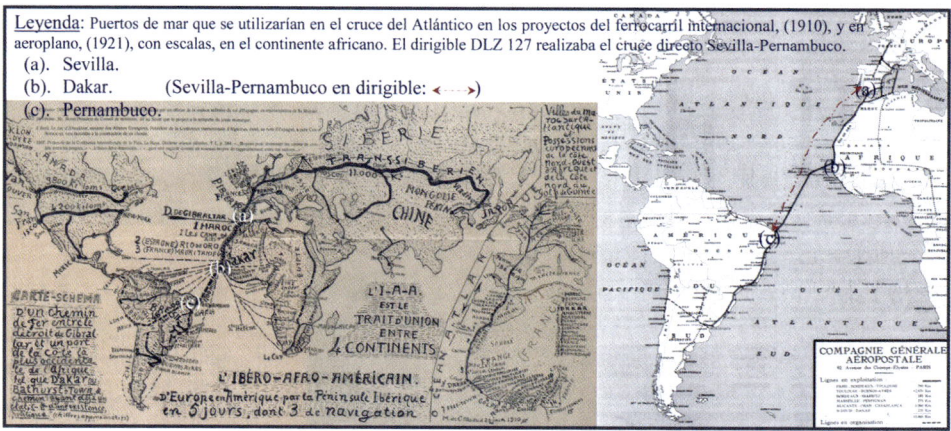

Imagen 50.- *Trazados por tierra, mar y aire para unir Europa con América del Sur.* (Imagen del autor).

De las tentativas para establecer la unión entre Europa y América del Sur, se trazaron, sobre planos rutas que unieran el punto inicial con el final, en el cruce del Océano. Dichos puntos estaban condicionados por el número de escalas que tenían que realizar hasta completar la distancia que los separaba para llegar al destino propuesto, bien haciendo uso de los caminos de hierro, bien con aeroplanos, frente al uso de los grandes dirigibles, ya que no requería realizar escala alguna. Hacer uso de este medio de locomoción, fue la propuesta hecha por Emilio Herrera.

PARTE XVI (1920– 1925):

LOS INICIOS DE LA AEROSTACIÓN NAVAL COINCIDEN CON LA COORDINACIÓN DE LAS AERONÁUTICAS

De las fábricas de hidrógeno de la Aerostación naval

La historia de la aviación en Barcelona estuvo marcada con la llegada del aviador cántabro *Salvador Hedilla Pineda*, a primeros de enero, (1916), contratado como director técnico y profesor de la *Escuela Catalana de Aviación* de la empresa Pujol, Comabella y Cía. de Barcelona, fundadora del campo de vuelo de La Volatería, en el término municipal de El Prat, (Barcelona). (Arce Díez; 2017).

Al no contar la nación española con Aviación naval especializada, el Rey Alfonso XIII, a propuesta del ministro de Marina y del Consejo de Estado, en virtud del R. d. de 15 de septiembre de 1917, sanciona la creación de la Aviación naval española, de la que se vierten las siguientes líneas: "Preciso es por tanto, implantar en España la Aviación naval con Escuela independiente y Factoría propia de construcciones de hidroaviones, y es de suma conveniencia el ponerla en íntimo contacto con la Aviación militar, pues que en la línea de costa serán sus objetivos frecuentemente comunes".

El 4 de marzo de 1920, se eligen terrenos para ubicarse al sur del poblado de Santiago de la Ribera, en el Mar Menor, (Murcia), y mediante R. o. el 27 de noviembre, (1920), se adquieren, por ser necesaria a la seguridad del Estado, los referidos terrenos sitos en el término municipal de San Javier, partido judicial de Murcia, para establecer una Escuela de Aeronáutica naval, y el 29 de diciembre de 1920, se dispone que se establezca, en Barcelona con carácter provisional, la Escuela de Aeronáutica naval y Factoría propia de construcción de hidroaviones, en donde iniciaría su andadura.

Iniciada la organización y materialización de la Aeronáutica naval, para el Servicio de aerostación naval, se consideró la necesidad de contar con dos fábricas semifijas de hidrógeno; una de ellas se instalaría en el vapor Dédalo para atender las necesidades de la aerostación embarcada y, otra se instalaría en el aeródromo de La Volatería para atender las necesidades de la primera Escuela Práctica de Aerostación naval que allí se establecería.

Inicialmente el hidrógeno comprimido utilizado por la Escuela Práctica, era suministrado por la Oxhídrica Española transportado en cilindros especiales, desde Zaragoza hasta la estación del ferrocarril de El Prat, por la línea del ferrocarril MZA, realizando las prácticas aerosteras en terrenos de la Compañía Española de Industrias Químicas S. A., situados al otro lado de la vía, frente a dicha estación del ferrocarril. Una vez adquirida e instalada la fábrica de gas hidrógeno transportable, en La Volatería, la Escuela práctica continuó la enseñanza en el aeródromo.

Unas referencias a las fábricas de hidrógeno aludidas, son los siguientes apartados.

• En el Vapor Dédalo para la Aerostación aeronaval transportable

En el mes de abril de 1922, se habían finalizado las pruebas de máquinas, y la recepción de los hidros del Estado embarcados, en el vapor Dédalo y el 28 de mayo se había tomado a bordo el dirigible del Estado, y estacionado en la rada del puerto de Barcelona para recibir órdenes de partir.

La *fábrica semifija* de hidrógeno con que contaba el vapor Dédalo, era sistema *Lelarge*, de rápida puesta en marcha y consumía poca agua, ubicada en la bodega-hangar de proa, entre compartimentos estancos, completamente aislada de los demás servicios de buque, separada de la superficie de proa por una escotilla cuyas dimensiones[98] permitían la entrada de uno de los dos dirigibles, (S1 y S2), semirrígidos con que contaba la Aerostación naval embarcada.

La siguiente fotografía, **Imagen 51**, (AMSJ. Fondo Miguel Ferrer. S/F. *"Vapor Dédalo con dirigible. Estación transportable"*. Ref. 271). En la misma se indican: Escotilla de proa, según (2), por donde se accedía a la bodega-hangar, para encontrar la fábrica de hidrógeno, los cilindros para el gas hidrógeno comprimido, los pertrechos y respetos y el hangar en donde se alojaba el dirigible.

Éste salía del hangar con ayuda del mástil campamento, según (3), hasta alcanzar la cofa; una vez allí, según (4), los motores del dirigible se encendían para desprenderse del mástil, iniciando la navegación. En la cubierta de popa se alojaban los hidroaviones, según (1), siendo, posados al mar, o izados del mar, mediante las grúas ubicadas en la cubierta del vapor.

98.- 42^m por 8,30^m y 12^m de altura.

Leyenda: Vapor Dédalo Estación de Aeronáutica naval Transportable
- En la cubierta de popa, (1), zona destinada a los hidroaviones
- En la cubierta de proa, (2), se encuentra la escotilla que da acceso a la bodega-hangar en donde se encuentra alojada la fábrica de hidrógeno con sus pertrechos y el dirigible.
- Mástil Campamento, (3), con el que se iza y arría el dirigible
- Globo dirigible, (4).

Imagen 51.- *Vista general del vapor Dédalo.* (Imagen del autor).

- La del vapor Dédalo se trasladará a la Fábrica de la Sociedad Electro-Química de Flix

Al suprimirse del Dédalo la Aerostación naval transportable, por la aplicación del Plan Aeronaval inmediato, (1927), quedaba decidir, dónde colocar la referida fábrica de hidrógeno, para su reutilización por la Aerostación naval.

De la memoria presentada por el *Tte. de Navío Guillén Tato*, piloto de globo libre y dirigible, comisionado en Flix para estudiar lo concerniente a la posibilidad de suministro de gas hidrógeno al Servicio de la Aerostación naval, se autorizaba para que se aplicara el proyecto presentado que mejor se adaptase "para la instalación de la fábrica procedente del Dédalo y se adquieran botellas de hidrógeno para su transporte", según R. o. de 27 de mayo de 1927.

El siguiente plano, **Imagen 52**, (AMFlix [Arxiu Municipal de Flix.- Archivo Municipal de Flix], Fons [Fuentes] SEQF-EQFSA. Delegación de Industria de Tarragona. *Plano General de la Fábrica SEQF*. E: 1/2.000. Agosto 1939), sobre el plano se indica en donde se instaló la fábrica de hidrógeno procedente del vapor Dédalo y la zona en donde se realizaban las prácticas aerosteras.

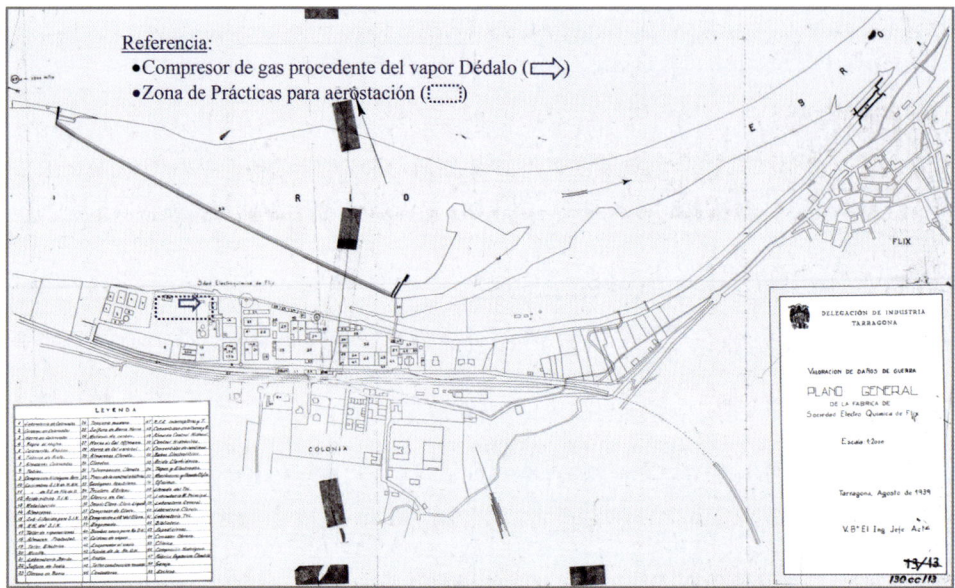

Imagen 52.- *Plano general de la Fábrica SEQF.* (Imagen del autor).

• En el Aeródromo de El Prat (La Volatería) para la Escuela de aerostación

Las primeras prácticas de aerostación naval se realizaron en los terrenos de la Compañía Española de Industrias Químicas, S.A., ya referida, lo que facilitaba el trasiego del gas hidrógeno comprimido en cilindros, procedente de Zaragoza, por la línea del ferrocarril MZA.

El Director de la División naval de Aeronáutica, para poder organizar la Escuela Práctica, en el aeródromo de La Volatería, era necesario contar con una fábrica de hidrógeno en el aeródromo, por ello recordaba al Ministerio de Marina que "*sin hidrógeno no podía haber aerostación*", independientemente del suministrado por la fábrica de Zaragoza, el cual, una vez situados los cilindros especiales de gas hidrógeno comprimido, en la estación del ferrocarril de El Prat, tenía que ser transportados hasta el aeródromo, por los tortuosos caminos del delta que unían la localidad de El Prat con el aeródromo de La Volatería.

El 23 de marzo de 1923, se aprobaba, a la División naval ubicada en Barcelona, a adquirir e instalar una fábrica de hidrógeno semifija al silicol que se instalaría en el aeródromo de El Prat, con ello se evitaba el trasiego de los cilindros desde la localidad de El Prat a las instalaciones en el Aeródromo.

En la siguiente fotografía, **Imagen 53**, (Facilitada por Juan Moragas Bringué. Año aprox. 1924. *"Vista aérea del aeródromo de La Volatería"*).

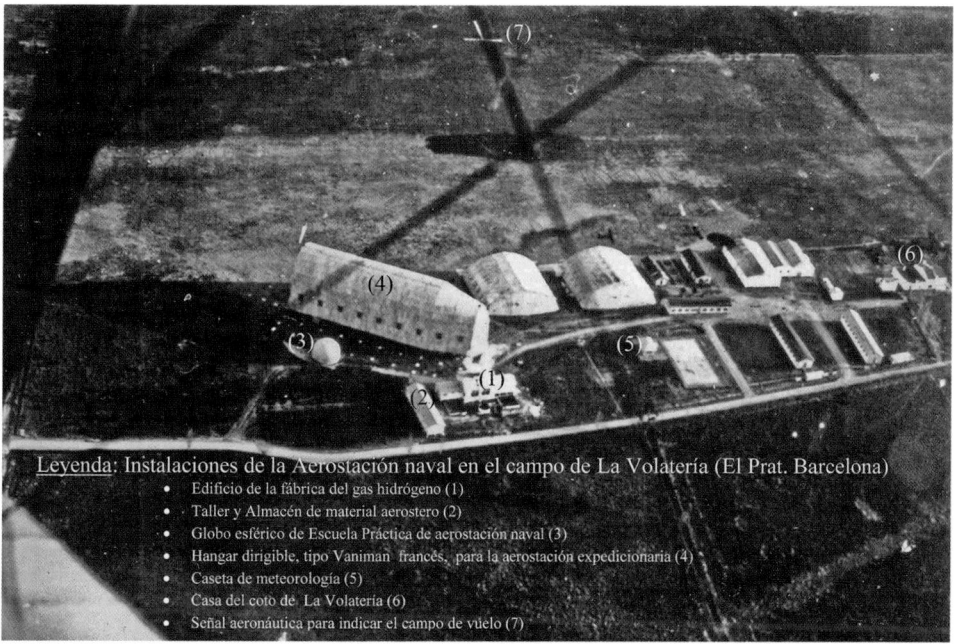

Leyenda: Instalaciones de la Aerostación naval en el campo de La Volatería (El Prat. Barcelona)
- Edificio de la fábrica del gas hidrógeno (1)
- Taller y Almacén de material aerostero (2)
- Globo esférico de Escuela Práctica de aerostación naval (3)
- Hangar dirigible, tipo Vaniman francés, para la aerostación expedicionaria (4)
- Caseta de meteorología (5)
- Casa del coto de La Volatería (6)
- Señal aeronáutica para indicar el campo de vuelo (7)

Imagen 53.- *Vista general del aeródromo de la Volatería.* (Imagen del autor).

En la imagen se indica la zona reservada a la Aerostación naval mediante las siguientes referencias: según (1), Edificio en donde se fabricaba el gas hidrógeno; según (2), Taller y Almacén de material aerostero; según (3), Globo esférico en la zona de Escuela Práctica; según (4), Hangar desmontable para el dirigible, tipo Vaniman francés (procedente de la Aerostación militar); según (5), Caseta de Meteorología; según (6), Casa del coto de La Volatería, en donde estuvo temporalmente la dirección del Campo de Vuelos; y, según (7), señalización del campo de vuelo; posteriormente se establecería la normativa, de interés general, para identificar los campos de vuelo con el nombre correspondiente del campo. En el caso particular de La Volatería, el aeródromo pasó a identificarse con el nombre de "PRAT".

La Aerostación italiana hace escala en La Volatería

La llegada de dos dirigibles italianos, *«Esperia»* y *«Norge-1»*, al aeródromo de La Volatería, es descrita por la prensa. De los medios aludidos se considera el apartado titulado: *"L'arribada de dos dirigibles italians"*, del artículo *La Navegació de Globus i Dirigibles pel Cel d'El Prat* (1921-1933), (*La llegada de dos dirigibles italianos/La Navegación de Globos y Dirigibles por el Cielo de El Prat* (1921-1933)), procedentes de Córcega, sobrevolando el Palacio de Montjuich, con destino al Aeródromo de la Aeronáutica naval, en el mes de junio, (1925), permaneciendo en el mismo, escasamente cuatro horas, y no les fue necesario el suministro de hidrógeno para continuar viaje hacia Toulon, (Tolón. Francia). Los dirigibles venían de viaje oficial para saludar a S. M. el Rey Alfonso XIII, haciendo coincidir la visita con la inauguración del IV *Salón del Automóvil, de la Aeronáutica* y *de los Deportes*, celebrado en el Palacio de Montjuich de Barcelona.

La siguiente fotografía, **Imagen 54**, (Facilitada por J. Ferret. 1925. *"Dos dirigibles Italianos en el aeródromo de La Volatería"*). En la misma se indican: según (2), el dirigible Norge-1, (N-1), primer plano; según (1), al fondo de la imagen, *Esperia* y, a la derecha de la imagen, según (3), el edificio de la fábrica de hidrógeno del aeródromo.

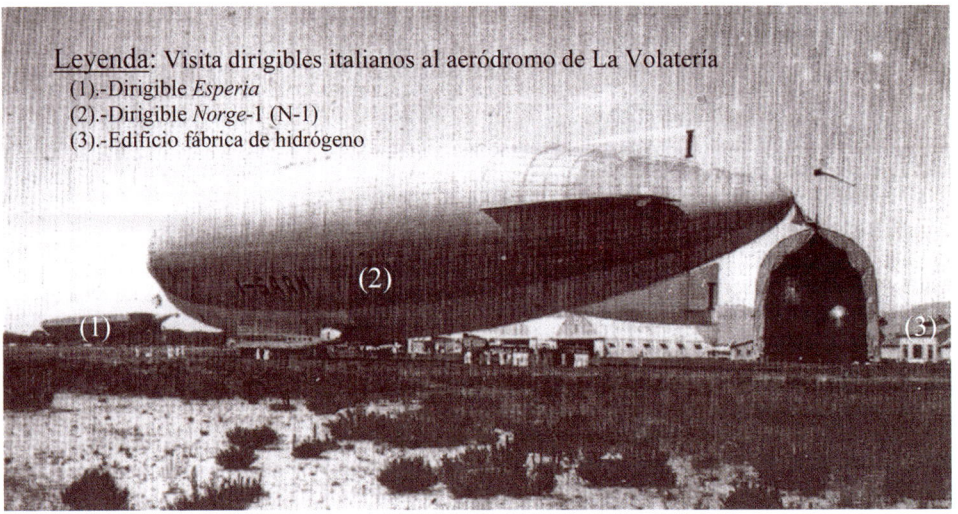

Imagen 54.- *Dirigibles italianos en el aeródromo de La Volatería.* (Imagen del autor).

El dirigible *Esperia* junto con el *Méditerranée* fueron los dos últimos dirigibles construidos por *Luftschiffbau Zeppelin*, LZ-120 y LZ-121, respectivamente, para vuelos comerciales. En su origen eran *Bodensée* y *Nordstern* que por el tratado de Versalles de junio de 1919, se entregaron a Italia y Francia, siendo rebautizados por las naciones receptoras. El dirigible semirrígido *Norge*-1, (N-1), era de invención y construcción italiana.

- La del Aeródromo de El Prat se trasladará a la base aeronaval del Mar Menor (San Javier)

Una vez establecida la coordinación de los medios comunes a las tres aeronáuticas, Marina estableció el Plan inmediato, ya referido, para su adaptación a las tentativas propuestas por la Dirección de aeronáutica y decretadas por el Gobierno, con ello se inició el estudio para trasladar la Aeronáutica naval ubicada en el aeródromo de La Volatería a los terrenos situados al Sur del poblado de Santiago de la Ribera. En 1929, se iniciaron las obras de explanación de los terrenos en donde se iba a ubicar la base aeronaval del Mar Menor.

En la siguiente composición, **Imagen 55**, (AHEA. 1929. *"La Sección de aerostación naval procedente de El Prat ubicada en la futura base aeronaval del Mar Menor"*. Ídem. 1932 *"Base aeronaval de San Javier"*. Ref. G-1).

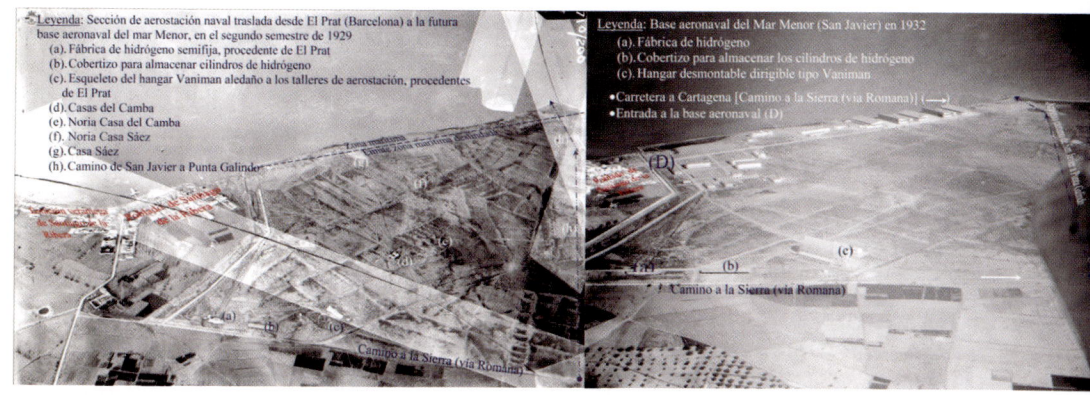

Imagen 55.- *Vista general de la base aeronaval de San Javier en 1929 y en 1932.*
(Imagen del autor).

La composición de imágenes corresponde a dos momentos, 1929 y 1932, del traslado de la Aeronáutica naval, ubicada en El Prat (Barcelona), a los terrenos de la base Aeronaval del Mar Menor, (después pasó a denominarse de San Javier), iniciándose el traslado con la Sección de aerostación naval, (1929), correspondiente a la imagen de la izquierda[99] de la composición aludida.

99.- Los surcos que quedan reflejados en la imagen (1929), son como consecuencia de la sensibilidad de la película utilizada, en donde quedan resaltados los detalles, en este caso, del terreno. Cosa que no sucede con la imagen de la derecha, (1932), en donde los caminos quedan reflejados como tales, no como surcos de la imagen anexa.

En la composición se han indicado las siguientes referencias comunes: según (a), edificio de la fábrica de hidrógeno semifija procedente del aeródromo de El Prat; según (b), cobertizo de nueva construcción para almacenar los cilindros especiales de hidrógeno comprimido; según (c), hangar desmontable tipo Vaniman procedente de El Prat; y el camino a la Sierra (vía Romana) que llevaba a Cartagena.

En la imagen de la derecha correspondiente al año 1932, además de las ya indicadas, se indica, según (D), entrada a la base aeronaval, frente al poblado de Santiago de la Ribera.

PARTE XVII (1921– 1924):

DE LAS NUEVAS TENDENCIA DEL «ARTE AEROSTÁTICO»

Del proyecto de curso de observadores de globo (1921)

La propuesta del proyecto, presentado en diciembre de 1921, para llevar a cabo el Curso de observadores de globo, en los meses de febrero a marzo del siguiente año, (1922), a realizar en Guadalajara, había conllevado realizar las gestiones oportunas con el gobierno francés, para que asistiera como profesor, el *Tte. de Cazadores Alpinos Mr. Jean Baradez*, profesor de la Escuela francesa de Cosne.

El programa estaba diseñado para diez alumnos, de los cuales siete debían de ser pilotos de distintos Cuerpos, organizado en tres fases: *Conferencias, Ejercicios en sala* y *Ejercicios en barquilla*. La parte de las conferencias a impartir trataba temas como: *Perspectiva* [visual]; *Meteorología; Telefonía y Telegrafía sin hilos; Automóviles; Observación del terreno; Empleo táctico del globo; Fotografía* y *Material aerostático.*

Los Ejercicios en sala, se desglosaban en dos tipo de escenarios: Sobre panorama, [imagen panorámica], y sobre fotografías oblicuas proyectadas. Los Ejercicios de barquilla, análogos a los de sala, pero las observaciones se realizaban desde la barquilla. Y los Ejercicios prácticos de telegrafía con/sin hilos, estaban enfocados a la escucha de comunicaciones emitidas a determinadas frecuencias de audio.

La propuesta del Curso de Observadores, se confeccionó mediante una Memoria, con las aportaciones de los conocimientos adquiridos por el profesor español *Cte. Gautier* y por la experiencia del profesor francés, que aportaba nuevos métodos de enseñanza, así como la observación práctica, sancionados por la experiencia aeronáutica francesa en el convulso escenario aeronáutico europeo vivido.

Tal progreso ponía en evidencia la necesidad de readaptar los objetivos del Servicio de aerostación, volviendo a dar importancia a la observación aerostera, ya puesta de manifiesto en el documento histórico referido, (1792), *"tener en campaña y en cualquier situación y hora del día una atalaya fija o ambulante a voluntad y susceptible de mucha elevación"*, y dejar, en segundo término, las ascensiones libres, cuya conjunción pasaba por tener que modificar la metodología que se venía siguiendo hasta esas fechas; es decir, renunciar al sistema de Escuela Práctica con finalidad casi exclusiva de hacer anualmente algunos pilotos de globos esféricos.

Propuesta de Reglamento del Servicio de aerostación militar (1922)

En el R. d. de 15 de marzo, (1922), el Servicio de aerostación quedaba constituido por el Establecimiento Central, independiente de los Batallones y de las Unidades sueltas de aerostación creadas, según la Ley de 29 de junio, (1918), o las que se pudieran estimar necesarias, en esos años.

Dentro de la actualización del Servicio de aeronáutica militar correspondiente al año en curso, (1922), se pide al Servicio de aerostación que establezca su reorganización, formulando una propuesta de reglamento específico. De él se trasladan las siguientes referencias: En el Artículo 2º, se establecía que todos los elementos propios de Aerostación, se agruparán en un Establecimiento Central, con los *Talleres*, *Parques*, *Almacenes*, *Laboratorios*, *Escuelas* y *Servicios de dirigibles*. También se proponía que existiera una *Unidad de experimentación* para enseñar nuevos tipos y métodos, bajo la Comisión de Experiencias. En el Art. 4º, el Servicio de aerostación estaría compuesto por el Servicio propiamente dicho y el de Observación aerostera. El primero formaría parte del Cuerpo de Ingenieros. Tal propuesta de reglamento estaba firmada con fecha 27 de junio de 1922, en Guadalajara.

De la conferencia dada en el RAeCE (1923)

La conferencia dada por el general D. Pedro Vives, en diciembre, (1923), con el título: *"Lo que ha sido y lo que debería ser el RAeCE, dentro de la aeronáutica nacional"*, exposición que formaba parte de un ciclo de conferencias dadas para la vulgarización y propaganda aeronáutica, en el edificio del referido organismo. Otros títulos de conferencias impartidas, fueron: *"Derecho internacional aéreo"*; *"La electricidad atmosférica y la aeronáutica"*; *"Meteorología"*; *"Historia de la aeronáutica"*; *"La aerostación de la guerra mundial"*; *"Interpretación de la fotografía"*; y otras varias, siendo los participantes en el ciclo de conferencias, personal con titulación aeronáutica y técnicos relacionados con la especialidad de aeronáutica.

La conferencia aludida estaba dividida en dos partes; la primera llevaba por título: *Lo que ha sido el RAeCE*, abarcando el periodo de 1904 a 1918, cuyo fin de periodo considerado coincidía con la finalización del conflicto aéreo mundial, y, por otro, por la desviación de la finalidad aeronáutica que dicho organismo había iniciado siguiendo las tendencias sociales que se venían estableciendo, es decir, quería transformar en Casino, como organización social de recreo cultural tan en boga; y, la segunda parte, titulada: "*¿Pero es esto lo que debe ser el RAeCE? Debe ser mucho más.*"

De esta segunda parte, inicia la exposición con unas referencias a la labor realizada por dicho organismo durante los años de existencia, (haber representado a la aeronáutica deportiva en la FAI; haber intervenido en todos los concursos nacionales e internacionales, en donde alcanzó reconocidos éxitos internacionales, etc.), y que las nuevas tendencias marcadas por las circunstancias y acontecimientos vividos requerían de un nuevo enfoque.

Recordaba que se debía de *poner en conjunción*, para la defensa de las costas, los *medios aéreos* y los *submarinos*; *fomentar* la aeronáutica civil, *plantearse* el establecimiento de líneas aéreas radiales, dentro de la península, partiendo desde Madrid, con prolongación de algunas de ellas a las islas Baleares y Canarias; *se habían iniciado* las gestiones de la línea Sevilla-Buenos Aires, que pondrían en comunicación dos continentes con dirigibles Zeppelin, [se hizo mención a características del aerostato, tales como: tenía un volumen de 135.000^{m3}; una potencia de 3.600^{cv}; podía alcanzar una velocidad máxima de $130^{km/h}$, invertiría en el viaje unas 90^h de Sevilla a Buenos Aires a una velocidad de $110^{km/h}$, con $40^{pasajeros}$ y $60^{tripulantes}$, transportando una carga de 10^{Tn}]. También recordaba que el dirigible a utilizar, podría dar la vuelta al mundo sin escalas a velocidad reducida; además, *la aerología y la meteorología* antigua y moderna deberían de integrarse en la aeronáutica; *fomentar* la aeronáutica deportiva, como un medio de utilidad pública, a la que se debería de relacionar con la entidad que tenían las Cámaras Agrícolas, con autonomía plena, por delegación del Estado, en materia aeronáutica, encaminadas a su desarrollo como generador y fomentador de la aeronáutica, con especial dedicación a: 1°) Auxiliar todo lo que tienda a la nacionalización de las industrias aeronáuticas en todas sus manifestaciones; 2°) Fomento de los campos de toma de tierra, [rendir viaje]; 3°) Buscar auxiliares para complementar los estudios de meteorología; y, 4°) Propagar el conocimiento del derecho aéreo.

Finalizaba la transmisión de experiencias vividas, en el ámbito aeronáutico, que estudió y organizó junto con los noveles aeronautas que conformaron el Servicio aeronáutico de las tres ramas: *militar*, [terrestre y marítima], *civil* y *deportiva*, que reunidas por el nexo común, constituyan la aeronáutica nacional, aconsejando la necesidad del estudio, la perseverancia y la unión.

De la reunión en un sólo Centro los elementos aeronáuticos comunes

Desde la Presidencia del Directorio militar, se publicó la R. o. del 4 de octubre, (1923), para que se "redacte un proyecto que tienda a reunir en un solo Centro los elementos comunes de las tres principales ramas de la aeronáutica y las respectivas industrias, con miras a su unificación en cuanto fuera posible".

Para llevar a término el Proyecto referido, se publica el R. d. de 20 de junio, (1924), con la finalidad de nombrar una Comisión interministerial con el objetivo de *"estudiar la Legislación Aérea"* y como complemento establecer *"un Plan completo de comunicaciones aéreas"*, con la finalidad de que todo lo que se hiciese sobre su desarrollo tuviera un plan determinado a seguir, compuesto por representantes de los Ministros de Guerra, Marina, Fomento, Gobernación y Hacienda.

Formaron la Comisión que debía redactar el proyecto para reorganizar la Aviación española: el *Excmo. Sr. General D. Francisco Echagüe y Santoyo*, director de la Aeronáutica militar, Presidente de la Comisión; el *Capitán de Fragata D. Guillermo Ferragut y Sbert*; *D. Mariano de las Peñas y Mesqui*, ingeniero, jefe del Negociado de comunicaciones aéreas de Fomento; *D. Tomás Diez Frías*, jefe del Negociado de ambulantes y ferrocarriles de la Dirección general de Correos y Telégrafos; *D. Juan Cruz Conde*, jefe del Servicio Meteorológico.

Dentro de las consideraciones para el *estudio* y *propuesta del Plan de comunicaciones*, por un lado, se tuvo en cuenta el proyecto del nuevo régimen ferroviario de 26 de marzo de 1908 y el actualizado de 23 de febrero de 1912, para el desarrollo de la red de ferrocarriles españoles, como referencias a la coordinación de la red de aeródromos que se iban a utilizar por la aviación. Y, por otro lado, la Convención de París, (1919), o Convención para la Regulación de la Navegación Aérea Internacional, y el Congreso Internacional de Aeronáutica celebrado en París, desde el 15 al 25 de noviembre, (1921), ya referido.

Una vez finalizado el estudio, se plasmó en un informe que llevaba por título: *"Informe sobre el Avance del Proyecto General de Líneas Aéreas redactado por la Comisión Interministerial Nombrada por R. o. de la Presidencia, de* 21 *de junio de* 1924, *(Gaceta núm.* 174)", firmado el 18 de abril de 1925.

Los componentes de la Comisión encargada de la elaboración del mismo, plantearon varias propuestas, una de ellas era: "La creación de la *Dirección del Aire* es una cosa indispensable si se quiere cortar de raíz el caos existente, pues ya es sabido la serie de concesiones que se han ido tramitando por los distintos Ministerios con independencia, y este fue el principal motivo de la creación de esta comisión interministerial que no puede tener más que un carácter meramente transitorio. Existe una ponencia encargada especialmente de la creación de tal Dirección y es conveniente que sea ella la que dictamine sobre éste punto concreto."

En la exposición que hizo la Ponencia para la centralización de los elementos comunes que tienen las aeronáuticas, partía del supuesto siguiente: "A la Aeronáutica civil española le corresponde todo cuanto del problema aéreo con ella se relaciona, en la índole industrial, técnica, comercial y fiscal, en el orden civil, en sus más amplios aspectos."

Por otro lado, la Ponencia entendía que: "Los supuestos inducen a la creación de una tercera Sección, con un título como el siguiente: *Servicio de aeronáutica civil*. El personal que lo debería de componer sería el que presta servicio en el actual Servicio de Comunicaciones aéreas, del Ministerio de Fomento, y el personal de Correos para el entorno de correspondencia aérea.

La base de organización de las mismas, con los intereses de todas las Aeronáuticas españolas, en los servicios comunes, deben de existir personas de reconocida competencia, con títulos profesionales correspondientes, como son, militares, navales, civiles, ingenieros, médicos, administrativos, etc.

Para el desempeño de los cometidos que integran la proyectada Dirección general de Aeronáutica, deben elegirse proporcionalmente a cada una de las jurisdicciones militar, naval y civil.

La labor primordial de la Dirección general de Aeronáutica, debería de ser: *la intervención* y *la reglamentación* de todo lo referente a la industria aeronáutica; *confeccionar un plan general* de líneas aéreas comerciales y de defensa nacional; *reglamentar* las representaciones nacionales de federaciones y sociedades españolas y extranjeras, la aeronáutica deportiva, etc."

PARTE XVIII (1926 – 1931):
LA SEQF NUEVA PROVEEDORA DE GAS HIDRÓGENO A LA AEROSTACIÓN ESPAÑOLA

La Sociedad Electro-Química de Flix (SEQF)

De los inicios del SEQF, son las siguientes referencias: Desde el comienzo de las investigaciones para la obtención de los procesos electrolíticos, la empresa alemana *Schukert & Co.*, de Nüremberg (después *Elecktrizitäts AG*, empresa cofundadora de la SQEF) contribuyó en la realización práctica de la aplicación industrial del mencionado proceso. *George Ahlemeyer*, representante en Madrid de *Schukert & Co.*, fue el valedor de los intereses alemanes en España y el encargado de buscar socios entre el mundo financiero, industrial y político, interesados en introducir en España la industria de electrólisis cloro-alcalina.[100]

El siguiente plano, **Imagen 56**, (Internet[101], Termino municipal de Flix, (Tarragona). E: 1/25.000). En el mismo se indica: según (1), la ubicación de la SEQF, y, según (2), localidad de Flix.

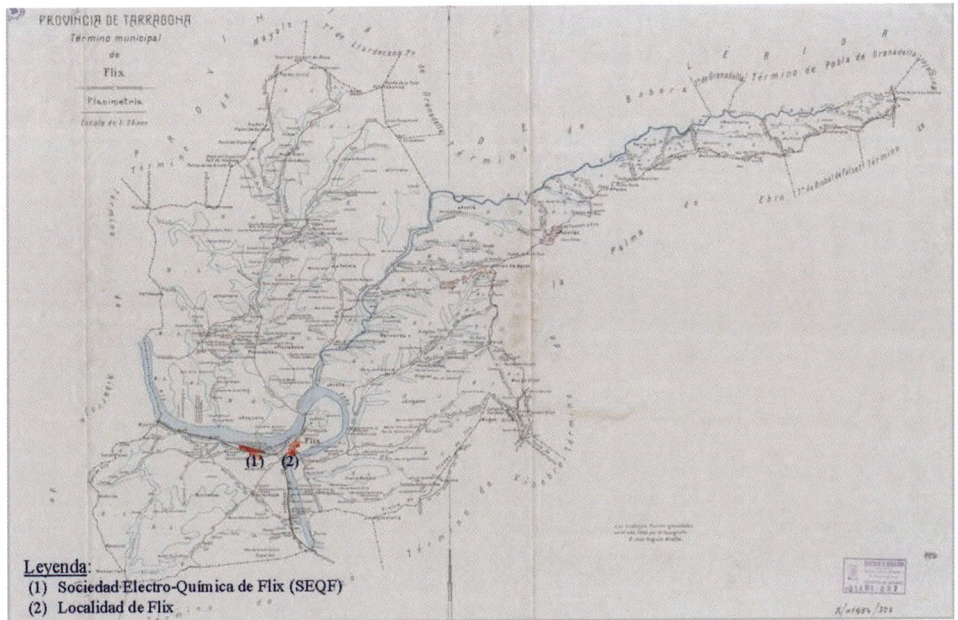

Imagen 56.- *Término municipal de Flix.* (Imagen del autor).

100.- Hierro Castarlenas, M.; 1997.

101.- http://www.icc.es/web/content/php/biblio/img.php?img=ctcrm0120742.jpg (21.2.2021).

Por la iniciativa empresarial extranjera, fueron diversos los factores que motivaron a los técnicos de las empresas alemanas *Chemiske Fabrik Elektron y Electrizität AG* instalar la primera planta electrolítica de todo el Estado, (y tercera de Europa), para la fabricación de productos químicos. Entre esos factores estaban: *la materia prima fundamental*, el agua que aportaba el río Ebro; *la mejora de las comunicaciones*, desde principios del año 1892, *el paso por Flix de la línea férrea MZA*, que facilitaba el acceso de las materias primas a la fábrica y de los productos químicos manufacturados de los mercados, y *la posibilidad de construir una colonia fabril*, típica del siglo XIX.

La SEQF, también conocida como *La Fábrica*, se fundó en el año 1897. La SEQF, junto con AEG y Siemens, fueron empresas alemanas que introdujeron la industria eléctrica en España.

Una de las diversas actividades que realizaba la SEQF era buscar la rentabilidad de los subproductos que venía obteniendo; uno de ellos era el gas hidrógeno sobrante del proceso electrolítico. La compañía asturiana *"Sociedad Ibérica del Nitrógeno"*, (SIN), entró en negociación con la SEQF, llegando al acuerdo que permitió, a la compañía asturiana, disponer de instalaciones propias dentro de la fábrica.[102] De forma análoga, el Ministerio de Marina fue autorizado para ubicar el compresor de gas procedente del vapor Dédalo y otras instalaciones necesarias para la Aerostación naval.

• **Convenios entre la Aerostación naval y la SEQF**

De la Memoria de entrega de la Dirección de la Aeronáutica naval, (1930), respecto a la instalación de Flix, se da a conocer el parecer del proyecto, ya referido, manifestando que no venía estando exento de dificultades, pero se esperaba que éste concluyera a finales de año, (1930). Del presupuesto estimado para la ejecución, se había sobrepasado en 116.179'10^{pts}; haciendo hincapié que las instalaciones, se estaban ejecutando con presupuesto de Marina, aunque éstas se encontraban en los terrenos de la SEQF, lo que conllevaba tener que abonar el canon correspondiente.

Mediante O. de 13 de noviembre, (1930), se comisiona al Comandante de Intendencia y al Ingeniero destinado en la base aeronaval de San Javier para que formen una comisión inspectora y de recepción de las obras de construcción e instalación de un gasómetro de 1.000^{m3}, en la referida fábrica, contratadas según R. o. de 26 de febrero de 1930.

102.- Sánchez Cervelló, J. y Visa Ribera, Fco. R. (1994).

La Dirección de la Aeronáutica naval firma dos convenios con la SEQF; uno *"para la construcción de una caseta para sala de máquina en la instalación que para compresión de Hidrógeno posee la Escuela de Aeronáutica naval en Flix (Tarragona)"*, y otro, *"para construcción de una pared de cerca en la estación compresora de Hidrógeno de la Aeronáutica naval"*, y éste con un anexo titulado: *"Condiciones de los Materiales"*.

El primero lleva fecha de 25 de abril de 1929, firmado en Barcelona, por el Director de la Escuela de Aeronáutica naval, el Subdirector y el Comisario de la Armada e Interventor de los Servicios de Aeronáutica naval; y por la parte de la SEQF, el Director de la Sociedad. En el punto octavo, se establece que el plazo para la ejecución de la obra, estaba establecido en un mes a partir de la fecha de su firma.

El segundo convenio, lleva fecha de 12 de agosto del mismo año, también firmado en la misma localidad, plasmando la firma en el convenio, los representantes de ambas partes, antes indicada. En la cláusula décima del mismo, se establecen las condiciones de pago, en los términos siguientes: "del importe total de la obra les será deducido el 1'30% de Pagos al Estado, siendo de cuenta de la SEQF el cumplimiento de la Ley para Accidentes del trabajo, la Protección a la Industria Nacional y al Régimen para el Retiro del personal obrero". Y en la décimo primera, se expresa: "El contratista viene obligado a tener al frente de las obras siempre a una persona práctica en estos trabajos, […]. Serán de cuenta de la SEQF, todos cuantos gastos de cualquier clase que sean que se les originen por consecuencia de la ejecución de las obras objeto de este convenio."

En el siguiente plano, **Imagen 57,** (AMFlix. 1939. Fondos SEQF. *Plano General de la Fábrica SEQF.* E: 1/500). Con un recuadro, de trazo discontinuo, se ha indicado la zona reservada para realizar las prácticas aerosteras, utilizada por la aerostación.

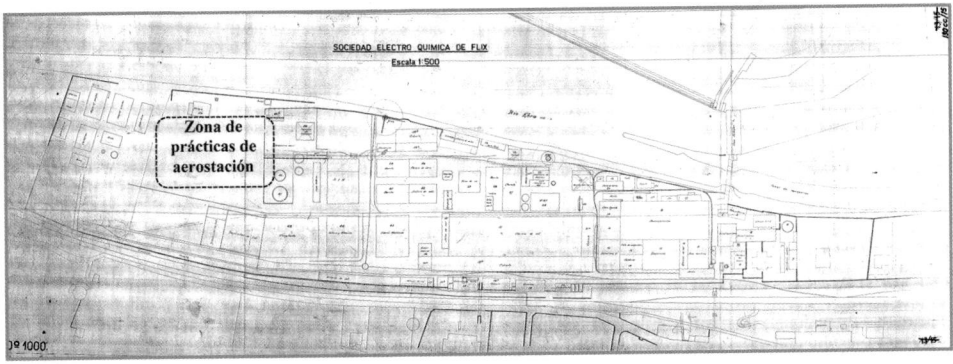

Imagen 57.-*Zona de prácticas aerostación en la SEQF.* (Imagen del autor).

Las fotografías, **Imagen 58 y 59** (AMFlix. S/F. Fondos: Oscar Kurz Hobert. Ref.: photo 1394 y 1395. *"Prácticas de aerostación en La Fábrica Aerostación naval"*), dos instantáneas; una corresponde a la operación de equilibrar el globo para calcular la fuerza ascensional y el lastre admitido con que contarían la tripulación embarcada, y, la otra, globo preparado para iniciar la elevación, en dos lugares diferentes dentro de la zona de prácticas.

Leyenda: Prácticas aerostación Aeronáutica naval en la SEQF
(a). Oficial de Marina
(b). Personal de marinería de apoyo a las prácticas aerosteras
(c). Cuerda *guide-rope* o cuerda freno
(d). Barquilla
(e). Lastre sujeto a la barquilla para equilibrar el globo y obtener la fuerza ascensorial
(f). Tela sobre la cual se coloca el globo en la forma *aparcamiento en ballena* para iniciar la inflación.
(g). Cuerda sujeción globo mientras se prepara la barquilla

Imagen 58.- *Prácticas aerostación en SEQF.*

<u>Leyenda</u>: Operación de equilibrio del globo para obtener la fuerza ascensorial

(a). Tela en donde se coloca el globo en la forma conocida *aparcamiento de ballena.*

(b). Sacos de lastre de maniobra separados de la barquilla que la sujetaban al suelo.

(c). Conjunto de personal que sujeta la barquilla para operación de obtención de la fuerza ascensional en el momento de iniciar la elevación.

(d). Personal que sujeta el globo con una cuerda para que no inicie el ascenso.

(e). Oficial de marina dentro de la barquilla para iniciar el viaje.

AMFlix: Fondos Oscar Kurz

Imagen 59.- *Ídem* (Imágenes del autor).

La SEQF también cooperó con la Aeronáutica militar, no sólo en el suministro de hidrógeno, sino también en facilitar realizar las prácticas aerosteras en la zona prevista, en conjunción con la Aerostación naval. Al no disponer de otras referencias, cabe conjeturar que estas se iniciaron una vez que se estableció en un solo Centro los elementos aeronáuticos comunes de la Dirección General de Aeronáutica.

• **Convenio entre la Aerostación militar y la SEQF**

El pliego de bases concertadas entre la comisión de compra del Servicio de aviación militar y la SEQF para la adjudicación por gestión directa de 20.000^{m3} de gas hidrógeno, para el Servicio de aerostación, consta de veinte cláusulas. En una de las clausulas se especifica: "Este gas, efecto de consumo mensual indispensable para el Servicio, debe reunir las características siguientes: la *Fuerza ascensional* por metro cúbico debe de reunir las mismas características que la utilizada por la aerostación; gas *Incoloro*, exento o con ligeras trazas de ácido sulfúrico o clorhídrico ligeramente ácido al tornasol y ligeras trazas de cloro. El *reconocimiento* de este material se haría en el Laboratorio del Servicio de aerostación." En otra, se expresa: "El gas objeto del contrato, *será de procedencia nacional* acreditándose con la certificación a que hace referencia al R. d. de 3 de diciembre de 1926 y Reglamento para su aprobación."

Correlativa a la anterior, concreta: "*Que no se accederá a satisfacer indemnización alguna*, intereses de demora ni a pagar mayor precio que el estipulado, por la creación de nuevos impuestos, portazgos, derechos de faro y puertos, practicajes, características de los mercados o subidas de tarifas de ferrocarril." Y en la última cláusula, se especifica: "Todo cuanto no aparezca consignado o provisto especialmente en este contrato *se regirá por* los preceptos del Reglamento de Contratación Administrativa del Ramo de Guerra, Ley de Administración y Contabilidad de la Hacienda Pública y disposiciones complementarias a ambas." Firmado en Cuatro Vientos, el 28 de Agosto de 1930. Las siguientes fotografías, **Imagen 60** y **61** (AMFlix. Fondos Oscar Kurz Hobert, Ref.: img. 043 y 044. S/F), corresponden a dos instantáneas de la operación de inflación durante las prácticas realizadas por la Aeronáutica militar en la SEQF.

<u>Leyenda</u>: Operación inflación globo aerostación militar en la SEQF

- (a).　Tubo toma de gas
- (b).　Apéndice inflación de inflación del globo
- (c).　Tela colocada en el suelo en donde se coloca el globo en la forma de *aparcamiento de ballena* para iniciar la inflación
- (d).　Sacos de lastre, alrededor del globo para sujetarlo durante la operación de inflación
- (e).　Globo, una vez iniciada la inflación
- (f).　Personal del Servicio de aerostación de apoyo a las prácticas aerosteras

AMFlix: Fondos Oscar Kurz

Imagen 60.- *Operación Inflación globo en la SEQF.*

Leyenda: Finalización operación inflación globo
(a). Finalizando la operación de inflado del Globo
(b). Válvula de inflado globo
(c). Conjunto de personas que inician el montaje de la barquilla
(d). Conjunto de sacos de lastre para sujetar el globo durante toda la operación de inflado
(e). Conjunto de personal sujetando las cuerdas para que no se escape el globo durante el montaje de la barquilla
(f). Tubo toma de gas

AMFlix: Fondos Oscar Kurz

Imagen 61- *Operación para colocar barquilla.* (Imágenes del autor).

PARTE XIX (1921 – 1930):

UNA ILUSIONANTE TENTATIVA AERONÁUTICA, UNIR ESPAÑA CON ARGENTINA EN DIRIGIBLE

De los trámites seguidos para el establecimiento de la línea de servicio regular de dirigibles

Una vez cursada la solicitud de concesión para establecer la línea regular aludida y la construcción de un *puerto aéreo* en Sevilla, por la Sociedad Colón Transaérea Española, (1922), la Presidencia del Consejo de Ministros la remitió al Ministerio correspondiente para que por el Directorio militar de aeronáutica dictaminara sobre la misma, pasando después a informe o dictamen de la Ponencia.

• Del informe dado por el Directorio de Aeronáutica

El Directorio, inicia su exposición con la siguiente cuestión: "¿Se puede considerar este proyecto como realizable en el estado actual de la aeronáutica?, respondiendo a la misma con una breve reseña de los únicos precedentes que existieron, que eran los servicios regulares funcionando en Alemania, organizados por la Casa Zeppelin, durante cuatro años antes de la guerra, y algunos meses después de finalizar, hasta que se suprimió por el Tratado de 1919."

A las referencias históricas, como único referente, también incluyen la valoración hecha por la Comisión de los ingenieros de la Casa Zeppelín que "acompañada y presidida por un jefe del Servicio aeronáutico español, designado por el Gobierno de S. M., efectuó en el verano de 1921 un viaje de estudio a la Argentina, para valorar la viabilidad del proyecto, siendo el informe de los técnicos alemanes favorable a la proyectada empresa que la Casa Zeppelin consideraba factible asumiendo la responsabilidad de su éxito."

De las referencias al aeropuerto que se debía de construir en Sevilla, según el informe presentado, se resalta, "entre otros aprovechamientos que el Estado podría obtener de la Empresa, que tendría una capacidad análoga o mayor que los más importantes de Europa, (*Pulham* de Inglaterra, *Orly* de Francia, *Friedrischshafen* de Alemania, etc.), además de las instalaciones industriales que se establecerían en España." Con estos dos planteamientos se da una idea del ambicioso proyecto planteado por la Sociedad Colón.

Por parte de la Compañía Transaérea española, solicitaba del Estado, efectuar el pago en cincuenta anualidades correspondiente al coste del aeropuerto de Sevilla, el cual pasaría a ser propiedad nacional en ese plazo. Los demás auxilios solicitados se reducían a retribuciones dadas por el Estado a cambio de servicios contratados, especialmente con la Compañía.

La opinión a la que llegó la Comisión, debido a la importancia, a nivel nacional, que requería tal proyecto, fue que "se debía de atender"; y en el caso de que fuera aceptada, "el aeropuerto que se construyera, debería quedar afecto a la base militar de Sevilla, con la conveniencia de la aprobación previa del Ministerio, y para evitar perturbaciones en el funcionamiento de la base aeronáutica militar de Sevilla, el aeropuerto referido debería de establecerse, como mínimo, a dos kilómetros de la referida base aeronáutica."

Este informe estaba firmado el 10 de enero de 1923.

• **Del informe dado por la Ponencia**

La Ponencia, una vez recibida la resolución del Directorio militar, relativo al expediente de la Compañía Transaérea española, establece dos enmiendas, estas eran: Una, "el Aeropuerto tenía que ser construido en un plazo de tres años, a contar de la fecha de aprobación oficial del proyecto. Y en el caso de que no se hubiera terminado de construir en el plazo determinado, sin causa de fuerza mayor que lo justificara, el Estado se incautaría de las obras y abonaría a la empresa el valor de las que estuvieran realizadas"; y, segunda, hace referencia a la fianza que debía constituir la Compañía una vez terminada las obras y antes de comenzar el servicio regular de la línea dirigible que la Ponencia modificó; en lugar de ser el 5% del material fijo y móvil, se sustituyó por la cantidad de 500.000^{pts}, cantidad que la Ponencia consideró que se podría aceptar. Por lo que la Ponencia consideraba que "con estas dos modificaciones el proyecto presentado merecería su aprobación", a falta de la resolución que tomase de las mismas el Directorio. El dictamen de la Ponencia estaba firmado el 10 de noviembre de 1924.

La fianza propuesta fue aceptada según queda reflejada en el Art. 10 del R. d. de 15 de febrero de 1927, autorizando a la Compañía Colón para implantar la línea de dirigibles y construir un aeropuerto.

De las notas sobre la comunicación aérea entre España y la Argentina, dada por Emilio Herrera (1924)

El cúmulo de experiencias adquiridas a raíz de iniciar el estudio de un dirigible trasatlántico, en 1919, ya referido, junto con la colaboración de la Casa Zeppelin en el estudio de la viabilidad de cruzar el Atlántico para unir Sevilla y Buenos Aires, fueron vertidas por el autor de las mismas, como bagaje de sus conocimientos aeronáuticos, agrupándolas en varios apartados, de los cuales se entresacan algunas de las referencias de los siguientes puntos: *Elección del tipo de aeronave; Líneas comerciales; Los dirigibles en la actualidad* y *Porvenir de los dirigibles*, que conformaban parte de las notas aludidas.

• De la elección del tipo de aeronave

Establece el estudio comparativo, para viabilidad, entre los más pesados que el aire, (aeroplanos), y los más "ligeros" que el aire, (dirigibles).

En el caso de los aeroplanos, estos presentaban las ventajas siguientes: "requieren aeropuertos mucho menos costosos y poder emplear aeronaves más veloces, el consumo de combustible por unidad de tiempo, prácticamente es proporcional a la velocidad. Los inconvenientes: tener un límite de radio de acción que les impide recorrer distancias mayores de 5.000^{km}, sin aprovisionamiento intermedio, y en el caso de líneas regulares comerciales los recorridos sin escala no son superiores a 1.000^{km}." En el caso de los dirigibles, "los aeropuertos requeridos son muy costosos y el consumo de combustible es la tercera potencia de la velocidad, igual que como en los buques marítimos. Las ventajas es que no tiene límite en el radio de acción, como los aeroplanos."

"Si se optase por la aparente opción más económica, el aeroplano, la comunicación aérea entre España y Argentina, habría de seguir la costa de África con cinco escalas, por lo menos, hasta el punto más próximo al continente americano, (Dakar), y la costa de América desde el punto más próximo a África (Pernambuco), hasta la Argentina, con otras cinco escalas, con vuelos diurnos para vuelos comerciales. El trayecto marítimo de Dakar–Pernambuco, de 3.000^{km}, habría que emplear la navegación marítima. Se invertiría con buques rápidos, tres días, más el coste de combustible necesario. En el mejor de los casos realizables, se tardarían 13^{días} de viaje total, en lugar de los 15^{días} que empleaban los transatlánticos marítimos."

"En el caso de utilizar dirigibles para realizar el trayecto, según los cálculos hechos (que se presentaron en el Ministerio de Fomento), se podría conse-

guir efectuar el viaje, sin escalas intermedias, con $40^{pasajeros}$ con las como-
didades de un buque transatlántico, y 10^{Tm} de carga comercial, en 90^{horas},
(algo más de cuatro días), a la velocidad económica de $110^{km/hora}$, pudiendo
alcanzar en caso necesario una velocidad máxima de $130^{km/hora}$, realizada
en los últimos dirigibles Nordstern y Bórdense." La opción que se escogió
fue la de utilizar grandes dirigibles que la experiencia había sancionado
hasta la fecha.

• **De las líneas comerciales**

Establece, como era conocido que "los primeros ensayos de los dirigibles
Zeppelin fueron difíciles, hasta que se logró la perfección suficiente, estableciéndose en algunas ciudades de Alemania, (Dusseldorf, Francfort,
Baden-Baden, Hamburgo, Berlín, Leipzig y Dresde), un servicio de dirigibles que las unía, y en algunos viajes se llegó a Copenhague y a Viena. Este
servicio estuvo en funcionamiento durante cuatro años, hasta el inicio de
la guerra, restableciéndose el servicio comercial con el dirigible Bodensée,
en la línea comercial Friedrischafen y Berlín, inaugurada en agosto de 1919
y terminada el primero de diciembre del mismo año. En los 100^{dias} se realizaron 103^{viajes}, se recorrieron 51.250^{km}, transportando $2.400^{pasajeros}$. Siendo
estas las únicas líneas comerciales por dirigible que se habían explotado
hasta la fecha indicada; las aeronaves y la dirección técnica de estas empresas han correspondido a la Casa Zeppelin, el tráfico ha alcanzado a más
de 4 millones de viajeros/kilómetro, sin accidentes y con resultados financieros completamente prósperos, cesando la explotación por imperativos
internacionales."

• **De los dirigibles en la actualidad**

"En Francia, y en las proximidades de París, en la localidad de Orly, está en
construcción el mayor aeropuerto del mundo para dirigibles; también hay
grandes aeropuertos en Cuers, Maugege, Saint-Cyr, Chalais Meudon y en
otros puntos." Añade a la distribución de aeropuertos un comentario que
inquietaba a la aeronáutica francesa: "publicado en la revista *Revue de la
Ligue Aéronautique de France*", el proyecto español. La iniciativa francesa fue
enviar a América del Sur una representación para presentar al gobierno de
la Argentina un plan de comunicaciones aéreas de Francia a aquella nación
adoptando el empleo de aviones y buques rápidos, porque no podían utilizar los dirigibles ya que la Compañía Colón había adquirido la exclusiva
para toda América del Sur."

"En Inglaterra existía un proyecto de establecer una línea Imperial por dirigibles, que uniera la Metrópoli con Australia haciendo escalas en Egipto y en la India. Las aeronaves serían construidas bajo la dirección de la Casa Zeppelin, con igual capacidad y características que las proyectadas por la Colón Transaérea. El gobierno inglés tenía aprobado este proyecto según el cual se cedería para esta línea el aeropuerto de Bowden, capaz para aeronaves de este tamaño."

En los Estados Unidos había varios aeropuertos y uno de ellos, "el mayor es el Lakehurst, en la costa del atlántico, base del Zeppelin Shenandoh, inflado con helio. El gobierno norteamericano tiene encargado a la Casa Zeppelin la construcción de un dirigible, el ZR3, (LZ126), de 70.000^{m3}, próximo a terminarse, hará el viaje de Friedrischafen a Lakehurst. La Casa Goodyear, norteamericana, ha adquirido las patentes Zeppelin para la construcción de estas aeronaves en los Estados Unidos." En Alemania, la Casa Zeppelin tenía el proyecto de construir un dirigible de 30.000^{m3}, máximo autorizado por las naciones aliadas, una vez que finalice el ZR3.

• **Del porvenir de los dirigibles**

Asume que los dirigibles tiene defectos, pero aun así, considera que los grandes dirigibles rígidos estaban llamados a constituir las únicas aeronaves transatlánticas que permitan establecer la red aérea intercontinental, ya que cuenta con el factor de su gran radio de acción sin escalas intermedias, lo que le daba la posibilidad de elegir en cada viaje, y con la información meteorológica, el derrotero más conveniente, cosa que no se puede hacer en tramos cortos.

Con la invención del poste de anclaje, "todavía no había sido ensayado en Francia y en Alemania, pero sí en Estados Unidos y en Inglaterra, se ha podido comprobar que las dificultades en el aterrizaje y anclaje de los grandes dirigibles, quedaba completamente solucionado, reduciendo el personal necesario a 5 ó 6 hombres para las maniobras de rendir viaje y anclaje de cualquier buque aéreo, (globo dirigible)."

La sustitución del hidrógeno por el helio, "ya realizado en los dirigibles de los Estados Unidos, constituirá otro de los mayores perfeccionamientos en la navegación por dirigibles, al suprimir el peligro de incendio. La relativa economía del precio del helio en los Estados Unidos es debida a su extracción de gases naturales ricos en estos productos. En Francia existe una comisión encargada de investigar y analizar los gases naturales con este fin.

Y sería del mayor interés que en España se hicieran los mismos trabajos de investigación análogos por la importancia que tendría."

De la evolución del diseño de los dirigibles Zeppelín

Del libro *"Aerostación y Elementos Auxiliares"*[103], como introducción para describir las relaciones comerciales con la casa Zeppelín, los autores dan unas notas respecto a la evolución del dirigible de gran volumen, sinónimo de dirigibles de formas rígidas o de esqueleto metálico, como eran los DLZ-127, que permitieran su utilización para unir localidades, distantes en la geografía, sin escalas, lo que conllevaba introducir nuevas características en estos majestuosos sistemas aeronáuticos, como eran: el *tipo de motores,* la *ubicación de los mismos* y la *cantidad necesaria de ellos* para proporcionar el empuje o la maniobrabilidad para navegar por el Océano del aire, adaptando los nuevos logros alcanzados mediante la investigación y el desarrollo industrial, lo que conllevaba buscar nuevos *tipos de combustible a utilizar* para los motores y, a su vez, implicaba encontrar el *tipo de gas a utilizar* para el hinchado que eliminara accidentes motivados por incendio.

Del contenido del mismo se vierten las siguientes notas: *"El número de motores que se utilizaban en los grandes dirigibles era un número impar, uno de ellos iba en el plano diametral del mismo y el resto en los laterales, al exterior de la envoltura y montados en góndolas independientes colgadas de la armadura. Su evolución condujo a colocar los motores en el interior de la carena, no sobresaliendo al exterior más que las hélices de los mismos, con ello se consiguen disminuir considerablemente la resistencia al aire y mejorar la penetración al medio fluido. Pero la revolución, a ese cambio de concepto de dirigible, es el tipo de combustible que se utilizó para los motores; el combustible era un gas conocido como Gas Blau. Este gas, del mismo peso que el aire, es una mezcla de hidrocarburos (etano y etileno). Su obtención procede de la descomposición del petróleo en bruto a elevadas temperaturas y comprimiendo el producto gaseoso obtenido, hasta que parte de él quede líquido. El gas que queda después de la compresión, está formado principalmente por hidrógeno, y el líquido obtenido es el gas blau.*

El ingeniero Lempertz, de la casa Zeppelín, tuvo la ocurrencia de aplicarlo como combustible para los motores, suprimiendo de esta manera parte del volumen de hidrógeno requerido para generar la fuerza ascensorial, pero

---

103.- Martínez Sanz, F. y Barrera, A.

tenía que haber suficiente gas para compensar el peso que se introducía al cargar el combustible que se precisaba para el funcionamiento de los motores. Así como cuando se utiliza gasolina para los motores del dirigible había que cargar más gas hidrógeno para compensar la carga; a medida que se consumía la gasolina, se debía de evacuar gas hidrógeno para compensar el exceso de fuerza ascensorial que tenía el dirigible.

Al aplicar el Gas Blau al dirigible Graft Zeppelín se consiguieron numerosas ventajas técnicas al pesar lo mismo que el aire, no influirá su gasto en la variación de las fuerzas ascensoriales del mismo, no viéndose alterado, por tanto su equilibrio de ascenso."

De las Referencias al primer viaje del DLZ-127 a través del Atlántico con Emilio Herrera invitado como piloto de dirigible (1927)

El 27 de febrero la *revista Aérea* publica un artículo con el título: "*La línea aérea Sevilla-Buenos Aires, por dirigible*" en donde el autor del mismo, vierte su opinión personal para introducir la transcripción completa del R. d. de 12 de febrero de 1927, en donde se autorizaba a la Sociedad "Colón" Compañía Transaérea Española, para implantar una línea de dirigibles entre Sevilla y Buenos Aires. El autor continúa la descripción recalcando el esfuerzo que estuvo realizando el *Tte. Col. Herrera* durante ocho años, "para conseguir ver en condiciones de posibilidad su plan de línea aérea de España a Argentina, representado por la promulgación del referido R. d., en donde dejaba caer la posibilidad de que la Aerostación militar realizara un viaje de prueba."

La revista *Ciencia Aeronáutica*, publica el artículo: "*La primera travesía del Atlántico por el dirigible 'Graft Zeppelin'*", en donde se vierten algunas de las referencias del dirigible Graf Zeppelin, así como de vicisitudes que ocurrieron durante la travesía, en el cruce del Atlántico, con el dirigible Deutsch Luftschiff Zeppelin 127, (DLZ 127), del que se trasladan algunas de las opiniones vertidas en el artículo: "El DLZ 127 tenía un volumen de 105.000^{m3}, 236^{mts} de largo y 30^{mts} de ancho, cinco barquillas motrices con otros tantos motores Maybach que consumían, indistintamente, hidrógeno, benzol o un hidrocarburo de igual peso específico que el aire llamado blaugas, (gas azul), y la barquilla conteniendo la cámara de pilotaje y de radio y navegación, el salón comedor y 10 cabinas para dos pasajeros cada una."

Respecto al empleo de tres combustibles diferentes en el dirigible tenía por objeto compensar el globo, según estuviera la carga de: pesada, ligera o equilibrada. "En el primer caso, cuando el dirigible va a plena carga, se consume benzol; en el segundo, hidrógeno y en el tercero, blaugas, (el nombre es debido al inventor *Dr. Hermann Blau*, como el duraluminio se llama así por su inventor *Dr. Ludvig Dürr*, ambos ingenieros de la casa Zeppelin)."

Antes de emprender su viaje de Alemania a América, el Graft Zeppelin realizó varios viajes de prueba; de éstos, el último, efectuado el 2 de octubre de 1928, "fue el más importante, llegando hasta el Mar del Norte y costas de Inglaterra desde su base en Friedrichshafen", en el lago Constanza. Entre los pasajeros, estaban el *Cte. Rosenthal*, norteamericano y el *Col. Herrera*, (autor del artículo), único español, invitados como pilotos de dirigible.

Respecto a la meteorología que reinó durante al viaje, es descrita según las siguientes referencias: "Inicialmente el viaje estaba previsto para el día 10 de octubre, (1928), a las nueve de la mañana", con ello se quería afirmar, según describe Herrera, que "el estado técnico de los dirigibles permitía anunciar la salida, cualquiera que fuera el tiempo reinante." Aunque ese día en Friedrichshafen había amanecido con tiempo espléndido, el comandante del dirigible, *Dr. Eckrer*, le dijo a Herrera, "que no podían partir porque había una tempestad en el *Estrecho de Gibraltar* y otra en el *Cantábrico*, los dos sitios por donde el dirigible alemán podía acceder al Atlántico", por lo que se tuvo que aplazar el viaje hasta la mañana siguiente ya que en el Estrecho haría buen tiempo, pero en Friedrichshafen sería malo, con lluvia y fuerte viento.

Al día siguiente, amaneció con lluvias y fuerte viento, aun así, el dirigible inició viaje, superando las duras condiciones meteorológicas a la salida del hangar, "saliendo por la puerta trasera del hangar y con los motores a máxima potencia"; cruzó el golfo de León, y entrando en costa española, llegando a Barcelona, "en cuyo momento Herrera se hizo cargo de la dirección del dirigible," como conocedor de la geografía y su orografía como piloto aerostero. Por la noche, se pudo contemplar el paso de Estrecho entre los haces luminosos de los proyectores desde la plaza inglesa de Gibraltar y desde la española de Ceuta.

La otra anomalía meteorológica a la que se enfrentó el dirigible, es descrita en los siguientes términos: "fue a la mañana siguiente estando en medio del Atlántico, con cielo despejado, pero con una nube en forma cilíndrica que se extendía por el horizonte, ["Turbonada" o perturbación atmosférica en que el aire gira en torbellino, de eje horizontal, como un rollo de nubes, de vientos descendentes por delante y ascendentes con lluvias por detrás], en la dirección que avanzaba el dirigible. El director del observatorio meteorológico de Berlín llamó la atención, a Herrera, sobre esa nube que tenían que atravesar[104]." La teoría se cumplió; es decir: "en la doble sacudida que sufrió el dirigible, la tela de la cola se rompió y envolvió los timones", por lo que el dirigible no se podía gobernar, ni en altura, ni en dirección, se pararon los motores. Se solicitó, por radio, el envío de un barco para que los recogiera. Mientras se establecían las comunicaciones, y a la espera de poder efectuar un amerizaje en el océano, "por los pasillos interiores que tenía el dirigible, se pudo acceder a la zona afectada, se cortó la tela que no dejaba actuar a los timones; el dirigible pudo continuar viaje, pero a reducida potencia de los motores, lo que les permitió llegar a la base aeronaval de Lakehurst, en donde se procedió a reparar el dirigible."

En escrito de 21 de abril de 1930, el Director de material del Centro de Experimentación de Cuatro Vientos, Col. Herrera, dirige al Jefe Superior de Aeronáutica, del que se trasladan las siguientes líneas: *La Dirección de la Casa Zeppelin ha ofrecido a la Compañía Española «Colón» y condicionalmente hasta la organización definitiva, dos puestos honoríficos en la tripulación del "Graf Zeppelin" para su próximo viaje transatlántico Sevilla-Río de Janeiro-Habana-Nueva York-Sevilla, uno de navegante y otro de piloto de dirección, además del puesto de segundo comandante para que el Jefe que suscribe[105] ha sido invitado por dicha Casa y para este viaje.*

Como los puestos ofrecidos, dada la importancia y dificultades del viaje proyectado, deberán ser desempeñados por personas perfectamente impuestas en estos cometidos, me permito proponer a V. E. sean designados para tomar parte como tripulantes invitados en el próximo viaje, [...], el Jefe del Grupo Don Jenaro Olivié, especializado en navegación empleando iguales instrumentos y procedimientos que los usados a bordo de dicho dirigible, y el Comandante de Ingenieros Don Enrique Maldonado, piloto de dirigible que ya conoce el "Graf Zeppelin" y otros dirigibles rígidos por su aprendizaje en los Estados Unidos, juntamente con el Jefe que suscribe si V. E. me honra autorizándome para aceptar la invitación recibida. El viaje comenzará del 10 al 15 del próximo mes de mayo y durará probablemente de 15 a 20 días".

El referido viaje con el DLZ 127, consta en la hoja de servicio, del Director de material citado, que tuvo una duración desde el 20 al 31 de mayo de 1930, computando un tiempo de vuelo de 186^h en dirigible, de Sevilla a Pernambuco, Río de Janeiro, Pernambuco y Lakehurst y vuelo de 1^{h}40^m de Lakehurst a Washington en aeroplano.

104.- Según las teorías del meteorólogo Bjerknes, esa nube indicaba viento fuerte, lluvia y muy mal tiempo. Vilhelm Friman Koren Bjerknes, (1862-1951), fue el principal impulsor de las medidas de los niveles atmosféricos superiores mediante globos sonda. (Palomares Calderón, M.; 2003).

105.- Nota: El Jefe que firmaba el escrito era Emilio Herrera Linares, Director de material del Servicio de aviación.

De la tendencia seguida por Marina respecto al uso de los dirigibles para la defensa de costas (1930)

Del contenido en la Memoria de entrega de la Dirección de Aeronáutica Naval, ya referida, realizada en Madrid, en diciembre de 1930, se consideran las apreciaciones hechas a los dirigibles para la defensa de las costas, una vez estudiadas las referencias sancionadas por las experiencias vividas y las nuevas tendencias aeronáuticas que sustituían la majestuosidad de los aerostatos por la maniobrabilidad de los hidroaviones para alta mar, del que se vierten las siguientes referencias: *"Las gestiones en Italia para adquirir globos y hangar, hubo que abandonarlas por no convenir al servicio. Tampoco se continuó el proyecto de hangar para los dirigibles de 7.500 metros cúbicos presentado por el Sr. Echevarrieta, que, no se estimó útil, declarando desierto el concurso que se anunció en 1928. Italia, ha abandonado la construcción de dirigibles, Francia, tampoco se lanza, en esto, a grandes empresas.*

Es un aparato sumamente caro y que agotaría la mayor parte del presupuesto total que tenemos; por esta razón, nos hemos limitado a trasladar, a San Javier, la escuela elemental que había en el Prat donde ya está establecida, definitivamente, manteniendo los dos dirigibles pequeñitos que hay actualmente, para conservar los pilotos y formar, en esta base, la Escuela de Aerostación y paracaídas.".

El único país que había establecido y mantenido líneas aéreas con dirigibles y estudiaba la posibilidad de transportar personal expedicionario, fue Alemania, mediante los, ya referidos, dirigibles Zeppelín.

Del Primer Congreso Internacional de seguridad aérea

En diciembre de 1930, iba a tener lugar, en París, el I Congreso Internacional para la Seguridad Aérea. El Congreso proyectado estaba encaminado a lograr un gran alcance científico, por la cooperación de los países inmersos en el desarrollo aeronáutico en donde se quería establecer un intercambio de soluciones, que beneficiarán a cada país con la experiencia adquirida por los demás.

Las sesiones de trabajo se organizaron en siete grupos y seis secciones. Respecto a la Aerostación, en las sesiones se diferenciaron: *Globo libre* y *Globo dirigible*. Del primero se trataron cuestiones como: *Estadística de accidentes; Construcción; Maniobras; Precauciones contra la electricidad, salvamento en el mar*. Respecto del globo dirigible fueron los siguientes temas: *Gas de seguridad; Precauciones contra rupturas; Localización de averías; Defensa contra el fuego; Aumento de las cualidades maniobreras; Salvamento en caso de peligro; y Navegación.*

PARTE XX (1927 – 1935):

TENTATIVA AERONÁUTICA QUE NO CULMINÓ

De la concesión definitiva de aeropuerto en Sevilla y Servicio regular

No fue hasta el 15 de febrero de 1927, cuando se publica el R. d. de 12 de febrero, autorizando a la Sociedad Colón Transaérea Española a implantar una línea de dirigibles entre Sevilla y Buenos Aires. Del contenido del Artículo primero se vierten las siguientes referencias: "Con aeronaves de una capacidad mínima de $40^{pasajeros}$ y 10^{Tn} de carga general, de la que se reservará dos pasajes y 500^{kgs} de carga para servicios oficiales del Estado en cada viaje y con la obligación de establecer, en un día, en las condiciones que se convengan, una comunicación de servicio, por lo menos semanal, entre Sevilla y Canarias con dirigibles para $16^{pasajeros}$ y una tonelada de carga general. En caso de no efectuar esta Sociedad la comunicación Sevilla-Canarias en la forma dispuesta por el Estado, éste podrá establecerla o contratarla libremente con quien crea conveniente, utilizando el aeropuerto que en Sevilla tenga la Compañía Colón".

Otros aspectos contenidos en este R. d., son las referencias siguientes: "La Sociedad Colón tendría la exclusiva del servicio aéreo durante cuarenta años, prorrogables de forma tácita de diez en diez años. A su vez, el Estado podría acordar el establecimiento de otras líneas transatlánticas."

"La compañía concesionaria debía de construir un aeropuerto en el plazo máximo de cuatro años, [un año más a la propuesta de la Ponencia], y en terrenos cuyo pleno dominio adquirirá previamente en legal forma y en la extensión necesaria para el total desarrollo del servicio, un puerto aéreo completo, con hangares, fábricas de hidrógeno u otro gas que la técnica aconseje como más conveniente, gasómetros, talleres, almacenes, estaciones radio-telegráficas y meteorológicas, etc., con sujeción al proyecto y presupuestos generales aprobados por el ministerio de Trabajo, Comercio e Industria, que deberán ser presentados en dicho Departamento dentro de un plazo de cuatro meses a partir de la fecha de este R. d.", además se particularizaba:

- Las obras deberían de comenzar dentro de los tres meses siguientes a la mencionada aprobación.

- El emplazamiento del aeropuerto tendría que distar, por lo menos, dos kilómetros de los límites de los terrenos de la base aeronáutica militar.

- La línea aérea Sevilla-Buenos Aires, debería de inaugurarse con dirigibles en un plazo que no exceda de cuatro años, a contar desde la aprobación del proyecto.

- Los dirigibles que emplee la Compañía deberían de estar matriculados en España.

- La declaración administrativa de los mismos, llevaba pareja la declaración de utilidad pública.

Del Real decreto-ley relativo a la creación de Aeropuertos (1927)

"La urgente premura que se requería para la práctica y desarrollo de la aeronavegación sobre el territorio español, así como la construcción de aeropuertos convenientemente situados en los que puedan posarse las aeronaves de cualquier procedencia, no solo para recibir auxilios necesarios, sino muy especialmente para que España pueda mantener y ejercer sobre ellas el derecho de soberanía que les corresponde en el aire nacional." En estos términos se inicia la exposición para el R. d. Ley de 19 de julio de 1927, relativo a la creación de Aeropuertos de interés general, o de servicio público, encargando a las Juntas o Patronatos, a nivel local, la construcción y explotación de los mismos.

Continuaba la exposición: "no es sólo el medio más eficaz, práctico y económico de impulsar y fomentar el desarrollo aeronáutico en nuestro país, sino una obligación ineludible, derivada tanto de los Convenios Iberoamericanos de Aeronavegación (CIANA), y otros en curso de negociación."

El 9 de diciembre de 1927, se firma en Madrid un Convenio General de Navegación aérea con Alemania. Dicho convenio es un acuerdo en el que se especifica un conjunto de requisitos a cumplimentar, en materia de legislación, sobre la Navegación aérea. También, se hacía referencia al desarrollo industrial y empresarial de las líneas comerciales, como era la tentativa de la siguiente línea aérea: "en el mes de diciembre de 1927, se establecen las líneas regulares Madrid-Zaragoza-Barcelona-Zaragoza-Madrid, con dos vuelos semanales." Dicha línea había sido propuesta por la Aeronáutica militar a principios de los años veinte, una vez establecidas las diferentes zonas o capitalidades aeronáuticas de la península, en donde se ponían en comunicación aérea, la primera zona, Madrid, con la tercera zona, Zaragoza, que geográficamente incluía a la región de Cataluña.

Por las diversas circunstancias de organización, desde el Directorio General de Aeronáutica, el aeródromo de La Volatería, pasó a denominarse *Aeropuerto Provisional de Barcelona* para la aviación civil.

De la aprobación del proyecto de aeropuerto en Sevilla (1928)

Según se indicaba en el R. d. de septiembre, (1927), se presentó la estancia requerida para la aprobación del proyecto, dentro del plazo estipulado. Y por R. d. de 29 de febrero de 1928, se aprueba el proyecto presentado de aeropuerto de Sevilla que debía establecer la Compañía Colón Transaérea Española, con las condiciones administrativas asociadas.

• De la modificación del proyecto del aeropuerto de Sevilla (1929)

El gerente de la Compañía Colón, presenta una modificación en el proyecto inicial del aeropuerto, en donde se introducía la doble modificación de los dos hangares metálicos, iniciales proyectados, por otros dos de hormigón y de mayores dimensiones.

Tales modificaciones fueron aceptadas, según R. d. de 26 de marzo de 1929.

• De la denegación de prórroga solicitada por la Sociedad Colón (1931)

En fecha 9 de julio, (1931), el gerente Consejero Delegado, anteriormente gerente, de la referida Compañía, solicitó una prórroga de dos años en la concesión de la línea aérea de dirigibles referida, para que mediante el otorgamiento de un contrato que desarrollara las bases del decreto de 17 de octubre de 1929, reconociendo personalidad a dos casa extranjeras o que se ampliase en un mes el plazo que se concedió para que la compañía propusiera una solución mediante la presentación de garantías oficiales o particulares de suficiente solvencia que acepten las responsabilidades subsidiarias.

Se deniega tales peticiones, en los términos siguientes: "ya que el Estado español contrataba única y exclusivamente con la Sociedad Transaérea Española, sin que tenga personalidad ni acción de dirigirse a él cualquiera otras Sociedades que con ella firme pactos o convenios y que el plazo acababa el próximo día 30."

Se establece una nueva solicitud, para que la solicitada en 4 de mayo, con la tentativa de que pasase a informe de Consejo de Estado y que la resolución definitiva quedase aplazada hasta que las Cortes resolvieran. Esta nueva solicitud fue denegada "por no ser procedente", por lo que se denegaba definitivamente la concesión hecha el 30 de julio de 1931.

• **Del nombramiento de la Junta liquidadora (1932)**

Una vez declarada la caducidad de la concesión hecha a la Compañía Transaérea Colón Española, el 24 de marzo, (1932), se decreta la composición de la Junta liquidadora.

El 2 de julio, el Presidente de la Junta liquidadora de la concesión de la línea de dirigibles Sevilla-Buenos Aires, otorgada a la Compañía Transaérea Colón, solicita una prórroga de 4^{meses}, a lo que se accede. Transcurrido el plazo de cuatro meses, se procedería a la liquidación definitiva, en el mes de noviembre, (1932).

• **De la derogación del Decreto de concesión (1933)**

El 8 de diciembre, (1933), se decreta la derogación del Decreto de Concesión del servicio aéreo de Sevilla a Buenos Aires que se había otorgado en octubre, (1929), "por haber dado lugar a que otras empresas extranjeras hubieran podido anticiparse al establecimiento de un servicio de esta naturaleza, entre Europa y América del Sur."

La Casa Zeppelin se pone en comunicación con Barcelona (1932)

El dirigible Zeppelin sobrevoló la ciudad de Barcelona y el aeródromo de La Volatería, durante la Exposición Universal de 1929 celebrada en la ciudad Condal. Una de las descripciones hechas por la prensa respecto al aterrizaje que iba a realizar en el aeropuerto provisional de Barcelona, fue: "*El mítico dirigible llegó al atardecer, apareció como una gran mole con sus motores parados para efectuar las correspondientes maniobras de situación.*"

En el Archivo Municipal El Prat, (AMEP), se encuentran referencias en donde se expresa que: "a finales de 1932, la casa Zeppelín se había puesto en comunicación con el Ayuntamiento de Barcelona, con motivo de emprender de nuevo sus viajes a América del Sur, en el mes de mayo próximo de 1933, solicitándole poder contar con un *mástil de amarre* para el dirigible y poder *hacer escala* en dicha ciudad."

Las previsiones que se realizaron para conocer cuál podría ser el coste de aeropuerto para el Zeppelin, estimado por la Comisión del Aeropuerto de Barcelona, ascendería a 1.900.000[pesetas], este coste estaba realizado sobre el supuesto Aeropuerto que se pretendía construir con un mástil de amarre para dirigible.

De la sesión extraordinaria convocada por el Ayuntamiento de Barcelona con motivo de la solicitud hecha por la casa Zeppelin (1933)

En la Sesión municipal del Ayuntamiento de Barcelona, del 18 de marzo de 1933, con el título: *"La intervención del Sr. Ventalló en el debate sobre el Aeropuerto* [de Barcelona]", se vierte el contenido de la intervención del Sr. Ventalló en el referido debate parlamentario de la Sesión municipal.

El Sr. Ventalló, era el presidente de la Comisión de aeropuerto de Barcelona, puso de manifiesto: "aunque había varias propuestas para su ubicación, ésta aún no estaba definida y ante la premura para dar respuesta a la solicitud hecha a finales de diciembre de 1932, por la casa Zeppelin al Ayuntamiento barcelonés", señalando que: "la casa Zeppelin daba a conocer sus intenciones de emprender de nuevo sus viajes a América del Sur en el próximo mes de mayo, (1933)", por lo que solicitaba *si podría contar con un mástil de amarre para el dirigible*. Dar respuesta a tal solicitud requirió convocar una reunión de urgencia por la premura de tiempo que ésta requería, en donde se acordó: *"La realización inmediata del Aeropuerto, y con la máxima urgencia la del puerto de dirigibles"*; *"gestionar las ayudas del Estado"*; *"estudiar una fórmula independiente del presupuesto extraordinario"*; y, *"contestar a la casa Zeppelin afirmativamente"*.

Llevar a cabo la construcción del aeropuerto de Barcelona, estaba condicionado a definir cuál iba a ser su ubicación, aunque ya existían tres campos de aviación en el término municipal de El Prat, uno de ellos era el Aeropuerto provisional de Barcelona que a su vez era aeródromo militar. Aun así, desde la Comisión del Aeropuerto, una de las ubicaciones propuestas estaba situada en terrenos lindantes con los municipios de las localidades de Gavá y Viladecans.

En el siguiente composición de imágenes, **Imagen 62**, (Composición del *"Plànol complert de l'emplaçament del projectat "Aeriport" i actuals camps d'aviació.* Gestions Relatives a l'emplaçament definitiu de l'aeroport de Barcelona en terrenys d'aquest terme municipal, 1936". [*"Plano comple-*

to del emplazamiento del proyecto "Aeropuerto" y actuales campos de aviación. Gestiones relativas para el emplazamiento definitivo de aeropuerto de Barcelona en terrenos de este término municipal, 1936"], (Exp. 469-11. AMEP. E- 1/50.000), con Plano fotografiado: *"Ubicación de la finca Pinares del Remolar en el término municipal de El Prat"*).

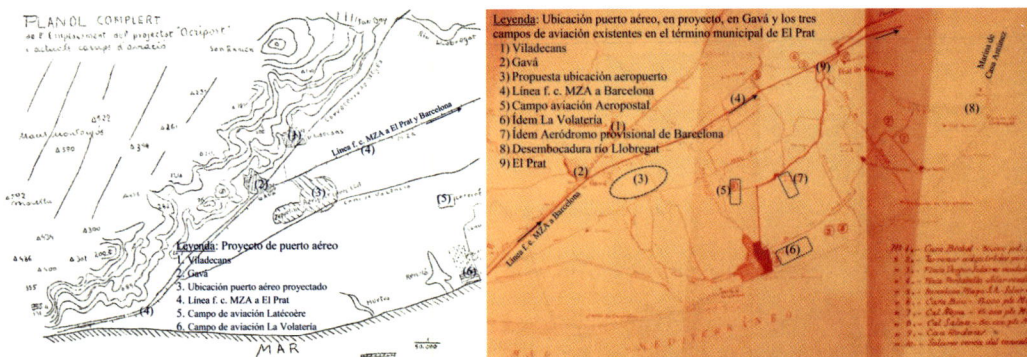

Imagen 62.- *De la ubicación de un puerto aéreo con poste de amarre en el delta del Llobregat. (Imagen del autor).*

En ambas imágenes se han situado las siguientes referencias: según (1), localidad de Viladecans; según (2), la de Gavá; según (3), ubicación del aeropuerto propuesto, (debería de contener un círculo de un kilómetro de diámetro, en donde se colocaría el poste de amarre para dirigible); según (4), línea f. c. MZA, dirección a El Prat y Barcelona; según (5), campo de aviación Aeropostal; y, según (6), La Volatería. Y en la imagen de la derecha, además de las ya referidas, se indican: según (7), campo de aviación del Aeródromo provisional de Barcelona; según (8), río Llobregat en su desembocadura; y, según (9), localidad de El Prat.

• **De la intervención del Presidente de la Comisión del Aeropuerto en la sesión extraordinaria**

De las intervenciones habidas en la reunión consistorial, se vierten las referencias siguientes dadas por la prensa: "El Presidente de la Comisión del Aeropuerto explicó las gestiones realizadas para obtener el apoyo del Gobierno y de la Generalidad, y aunque era imposible ser prestado lo solicitado, se contestó oficialmente que el «Graft Zeppelin» viniera el 7 de mayo, (1933), tal contestación fue dada porque los representantes más caracterizados del Consistorio, acordaron que así se dijera, según manifestó el Sr. Ventalló; es decir, se encontraban en la tesitura de que una vez accedido a lo solicitado, se tenía que pedir a la Casa Zeppelin que no fuera."

El referido Presidente, continuó con la lectura del itinerario oficial de los servicios de la línea regular del Graft Zeppelin a Sur-América, en cuyo itinerario figuraba la escala en Barcelona, como consecuencia de la contestación que se había dado.

También, explicó como el proyecto de contrato con la casa Zeppelin, era similar al que el Estado había aprobado para Sevilla, en donde: "se preveían un mínimo de dieciocho aterrizajes durante el año; otros tantos al volver de América, tantas veces como llevase seis pasajeros que deseasen descender en Barcelona y dos viajes extraordinarios en dos domingos de verano, exclusivamente, para recoger pasaje y hacer una excursión sobre Cataluña y Baleares, [...], facilitando unos ingresos para al Municipio."

- **Del texto del proyecto de contrato que la casa Zeppelin presentó a la ciudad de Barcelona**

El texto de proyecto de contrato que la casa Zeppelin presentó al Ayuntamiento de Barcelona, tenía por objeto contar con un puerto aéreo regular en la ciudad a partir del próximo mes de mayo, (1933), en donde se preveían 18 aterrizajes durante el año en el viaje de ida a América; se abonarían 1.000^{marcos} por cada uno y otros tanto de vuelta siempre que hubiera seis pasajeros como mínimo que hubieran sacado billete, bien desde Río de Janeiro, bien desde Pernambuco, para Barcelona. También se realizarían uno o algunos viajes de turismo, en domingo entre Friedrischafen y Barcelona, con anclaje antes del mediodía y desanclaje definitivo por la tarde, y la posibilidad de realizar alguna excursión desde Barcelona, para pasaje de turismo, por Cataluña y Baleares.

Respecto a la pretendida llegada del Graft Zeppelín, se publica en mayo de 1933, en la prensa barcelonesa una nota, titulada: «*La Regulación del Tránsito en el Camino del Aeródromo*», del que se vierten las siguientes referencias: "*Como hoy llegará a Barcelona el dirigible "Graft Zeppelín", con objeto de evitar dificultades en la circulación dentro del aeródromo de La Volatería, [aeropuerto provisional de Barcelona], el departamento de Circulación ha sido encargado de tomar las medidas necesarias para la regulación del tráfico hasta el campo de Aviación. Se ruega a los automovilistas que llegados al Aeródromo del Prat solo en fila india, y que mantengan una velocidad uniforme de cuarenta kilómetros por hora, sin que nunca ningún vehículo pueda avanzar a otro.*

Se ha habilitado un parque de estacionamiento capaz para ochocientos vehículos, que permitirá que la circulación se desarrolle normalmente y sin difi-

cultades. [...], y es de esperar que por conveniencia propia los automovilistas respetarán las disposiciones dictadas, particularmente en lo que se refiere al mantenimiento de una velocidad uniforme de cuarenta kilómetros por hora, en el trayecto: pueblo de El Prat, Aeródromo de La Volatería."[106]

La asesoría técnica de la Comisión municipal del Aeropuerto había previsto como ingresos probables que recibiría por los servicios prestados del puerto aéreo de dirigibles, según los siguientes conceptos, por cada anclaje del Graf Zeppelin:

- Por venta de 8.000^{m3} de **hidrógeno**, beneficio aproximado, 2.000^{pesetas}.

- Por la venta de 12.000^{litros} de **gasolina**, beneficio aproximado 430^{pesetas}.

- Por la **entrada** de 200^{coches} a dos pesetas, 400^{pesetas}.

- Por la **entrada** de 10.000^{personas} a una peseta, 10.000^{pesetas}.

- **Total**, 12.830^{pesetas}.

- **Ingreso probable anual** correspondiente a 18$^{aterrizajes/anuales}$, representarían de 230.940^{pesetas}, más 18.000^{marcos} de ingreso seguro.

Dentro del **presupuesto** del puerto aéreo de dirigibles, en concepto de gastos, presentado por la Comisión municipal del Aeropuerto, contemplaba los siguientes: **compra de terreno** (44.989^{hectáreas}), **indemnización** de cultivos y plantaciones, **obras** de arreglo, **instalaciones** para los servicios especiales, (*poste de amarre, carro de popa y vía circular, cabestrante, provisión de agua, gasolina e hidrógeno*), **obras urgente**s y **honorarios,** según tarifa, ascendía a 1.972.399,30^{pesetas}.

• **De los programas oficiales repartidos por Europa y América**

- Salidas de **Friedrischafen** a las 22^h de los sábados 6 de mayo, 3 de junio, 1 de julio, 5 de agosto; 2, 26 y 30 de septiembre y 14 y 28 de octubre.

- Salidas de **Barcelona** a la 09^h de los domingos 7 de mayo, 4 de junio, 2 de julio, 8 de agosto, 3 y 17 de septiembre, 1, 15 y 29 de octubre.

- Llegada a **Pernambuco** a las 18^h de los martes 9 de mayo, 6 de junio, 4 de julio, 8 de agosto, 5 y 19 de septiembre, 3, 17 y 31 de octubre.

106.- El recorrido que tenían que realizar los automovilistas, era de unos 4^{km}, el cual queda reflejado en la Imagen 62, es decir, desde *El Prat*, según (9), hasta el aeropuerto provisional de Barcelona, *La Volatería*, según (6).

- Llegada a **Río Janeiro** a las 06^h, de los jueves 11 de mayo, 8 de junio, 6 de julio, 10 de agosto, 7 y 21 de septiembre, 5 y 19 de octubre y 2 de noviembre.

- Salida de **Río Janeiro** a las 06^{h}30^m de los jueves, 11 de mayo, 8 de junio, 6 de julio, 10 de agosto, 8 y 22 de septiembre, 6 y 20 de octubre y 3 de noviembre.

- Salida de **Pernambuco** a las 23^h de los viernes 12 de mayo, 9 de junio, 7 de julio, 11 de agosto, 8 y 22 de septiembre, 6 y 20 de octubre y 6 de noviembre.

- Llegada a **Sevilla** en la tarde de los lunes 15 de mayo, 12 de junio, 10 de julio, 14 de agosto, 11 y 25 de septiembre, 9 y 23 de octubre y 7 de noviembre.

- Llegada a **Friedrischafen** en la tarde de los martes 16 de mayo, 13 de junio, 11 de julio, 15 de agosto, 12 y 26 de septiembre, 10 y 24 de octubre y 7 de noviembre.

- Los precios del pasaje eran:

    Friedrischafen-Río Janeiro, 1.980 RM, [Reichsmark][107]

    Friedrischafen-Pernambuco, 1.880 RM, [ídem]

    Friedrischafen-Barcelona, 260 RM, [ídem]

Sin haber llegado a determinar dónde ubicar el aeropuerto en Barcelona, no se han encontrado referencias de las posibles noticias de que la Casa Zeppelin siguiera teniendo intención de hacer escala en Barcelona.

De la autorización a la Casa Zeppelin de Alemania instale una fábrica permanente de hidrógeno en el aeropuerto de Sevilla (1935)

Una vez derogado el decreto de concesión del servicio aéreo de Sevilla a Buenos Aires, (1929), las referencias a la instalación de la fábrica de hidrógeno para dirigibles, no vuelve a manifestarse hasta el mes de marzo, (1935), cuando se ordenaba que "se autorizara a la Casa Zeppelin de Alemania a que importara temporalmente el material necesario para la instalación de una fábrica de hidrógeno, mediante acuerdo firmado con el Estado, y por cuenta del Estado, instalarla en Sevilla, de forma permanente, para suministrar a las aeronaves que tocaran en ese aeropuerto".

107.- Moneda oficial en Alemania desde 1924 hasta 1948. (https://es.wikipedia.org/wiki/Reichsmark).

La autorización a la Casa Zeppelin de Alemania, se refería a la importación en régimen temporal, por la aduana de Sevilla, el material necesario a la instalación provisional de una fábrica de gas hidrógeno para el suministro de las aeronaves que llegasen al aeropuerto de la referida capital, siendo el plazo de validez de la autorización temporal, para importar los elementos de la referida fábrica, el de un año.

Tal concesión estaba sujeta a las siguientes condiciones: *"Todo el material que integra la instalación provisional de que se trata será propiedad de la casa Luftchiffbau Zeppelin, G.m.b.H.". "Por la Junta Central de aeropuertos se realizará el montaje del material, así como cuantas obras de carácter provisional sean necesarias para el debido funcionamiento de la fábrica". "La casa Luftchiffbau Zeppelin, G.m.b.H., será enteramente responsable de la seguridad y buen funcionamiento de la instalación, si bien podrá ser ésta inspeccionada en cualquier momento por la Dirección general de Aeronáutica." y "La presente concesión se hace por un plazo de ocho meses, a partir de la publicación de esta Orden, quedando la Casa Luftchiffbau Zeppelin, G.m.b.H., obligada a desmontar su material y retirarlo del Aeropuerto, en el plazo de un mes, si por parte del gobierno no se considerase pertinente prorrogar la autorización de que se trata o establecer otras bases de concesión."*

Por la premura de tiempo y por el estado de las obras del aeropuerto, se aceptó el ofrecimiento de la Casa Zeppelin de instalar una fábrica portátil de gas hidrógeno que, con carácter provisional, pudiera proporcionar la cantidad de hidrógeno necesaria, en tanto por el Estado se construyera la instalación definitiva.

¿La línea en dirigible DLZ, desde Sevilla a Buenos Aires, contó con la fábrica de hidrógeno prevista colocar, en la tentativa del aeropuerto para la Aerostación, en Sevilla y el poste de amarre en Barcelona?

Del libro *"Datos sobre Tablada"* publicado en 1985, el autor da diversas referencias del Graft Zeppelin y Sevilla, de las que se vierten las siguientes: "la primera vez que sobrevoló Sevilla fue en 1929, [con motivo de la Exposición Ibero-Americana celebrada en la dicha capital] después en 1930 hasta 1934, realizó dieciséis aterrizajes. Cuatro en terrenos de *Hernán Cebolla*, la primera se realizó el 15 de abril de 1930, teniendo la ocasión de ser visitado por SS. MM. los Reyes. Uno en *Tablada*, el 16 de mayo de 1933, y once en *San Pablo*, teniendo lugar el primer aterrizaje el 11 de julio de 1933." Las zonas de aterrizaje referidas, Hernán Cebolla y San Pablo, contaron con postes de amarre; el aeródromo de Tablada se desechó por sus obstáculos próximos al campo de vuelo.

Unas breves reseñas, en los albores de la aerostación, *aerostación expedicionaria*, a los postes de amarre o postes campamento, como elemento en la estacionalidad temporal sobre el terreno para amarre de dirigibles, una vez rendido viaje, se pueden resumir en los siguientes términos: los globos esféricos, bien se podían anclar en el suelo sin la barquilla, bien se desinflaban y se empaquetaban todos los elementos; los globos cometas se anclaban en el suelo sin barquilla y con el timón, o apéndice, desinflado, y para los globos-dirigibles, cuando no se disponía de hangares transportables se dejaban a la intemperie, anclados al poste de amarre o *poste campamento*, ideado expresamente para este tipo de aerostatos, una vez rendido viaje; entre otras razones, por la dificultad que representaba guardar eventualmente el dirigible en el hangar, con días de viento.

Para poder efectuar el amarre, el dirigible, entre otros sistemas mecánicos de aproximación para el amarre, contaba con una cuerda, similar a la guiderope, que salía de la proa del aerostato para que se efectuara el anclaje del dirigible en el poste de amarre.

Respecto a la fábrica de hidrógeno con la que se debía de dotar al aeropuerto que se construyese en Sevilla, al que se le iba a considerar como *aeropuerto de Europa*, para establecer la línea aérea de dirigibles que uniría Sevilla con Buenos Aires, hubo dos compromisos de instalación fija y una tentativa para colocar una portátil. El primer compromiso adquirido, hace referencia a la solicitud inicial de la Sociedad "Colón" Transaérea Española; el segundo, el compromiso por el gobierno español de establecerla, una vez derogado el Decreto de concesión; y, como tercera tentativa, la aprobación por el Gobierno, para instalar una fábrica portátil propuesta hecha por la Casa Zeppelin como posible solución para el suministro de hidrógeno a los aerostatos que rindiesen viaje en el que se conoció como aeropuerto de Europa, ultimo aeropuerto en donde haría escala antes de abandonar el continente europeo, Sevilla.

No se han encontrado referencias que en terrenos utilizados en Sevilla para rendir viaje el Zeppelin, se hubiera atendido el suministro de hidrógeno para la aerostación. Respecto a la posibilidad de construir un puerto aéreo para dirigibles en Barcelona, se puede afirmar que no se llevó a cabo su construcción y que tampoco se construyó el poste de amarre, ni una fábrica de hidrógeno, ya que se seguía utilizando el Aeropuerto provisional de Barcelona, el cual carecía de un poste de amarre y de fábrica de hidrógeno, la cual se había trasladado a la base aeronaval del Mar Menor.

Dentro del desarrollo para la conformación de la regulación aérea, el R. d. de 29 de septiembre, (1928), hace referencia a "los aeródromos militares y navales establecidos en el territorio metropolitano, excepto el de Cuatro Vientos, que por su situación y especial destino a la experimentación del material aéreo para la defensa nacional, se abrían para la navegación y tráficos aéreos, oficial y particular, al servicio público". Y mediante R. o. de 29 de noviembre del mismo año, (1928), (G. M. N° 64), se aprueban las bases que hacen referencia a la construcción y explotación del Aeropuerto nacional de Madrid, Barcelona y Sevilla, así como la construcción de aeropuertos convenientemente situados, según el R. d. Ley de 19 de julio de 1927, (G. M. N° 201), en donde se establecían las Leyes fiscales de tráfico y navegación para el derecho de soberanía aérea y también se clasificaban los aeropuertos, según su finalidad, es decir,: de servicio del Estado; de servicio Público o de interés general, y de servicios de Particulares o Privados.

Se establece la ampliación del Convenio entre España y Alemania para ampliar la línea aérea entre Berlín y Barcelona, hasta Sevilla, Cádiz o Huelva, con aviones de la compañía Luft-Hansa A. G. alemana; así mismo el servicio se debería de realizar, de forma alternativa, desde Barcelona, por la Compañía alemana y la que el Estado español estableciera. También se debería de crear otra línea con hidroaviones a la islas Canarias, en las mimas condiciones de servicio para ambas compañías, por lo que Alemania reservaba el derecho de colaboración, en las tentativas futuras, en continuar, a partir de las islas Canarias, en el transporte aéreo con avión o hidroavión de Europa a América, (G. M. N° 43; 1931). A finales del próximo mes de julio, el gobierno denegó la concesión hecha a la Compañía Transaérea Colón, para unir España con América del Sur, con dirigibles Zeppelin y el 8 de diciembre, (1933), se decreta la derogación del Decreto de Concesión del servicio aéreo de Sevilla a Buenos Aires que se había otorgado en octubre, (1929), ya referido. Al año siguiente, se publica en la G. M. (N° 326; 1934), la adhesión de España al Convenio Internacional de Navegación Aérea, (CINA).

Según la Ley de 1 de agosto de 1939, se crea el Ejército del Aire, y por la Ley de 1 de septiembre del mismo año, se establece la Jurisdicción aérea, y mediante Decreto de la misma fecha, crea el Ministerio del Aire para asumir el cometido aeronáutico, asumido por el recién creado Ejército del Aire, el cual se venía considerando una vez que se puso en conjunción las ramas aeronáuticas existentes, (globos, globos con motor o dirigibles, aeroplanos e hidro-aeroplanos).

Pero no es hasta el 4 de octubre de 1945, cuando se declara de interés nacional la construcción de los Aeropuertos Transoceánicos de Madrid, Sevilla y Barcelona, una vez organizada la responsabilidad de la aplicación de la jurisdicción aérea española como síntesis del Real decreto-ley relativo a la creación de Aeropuertos, ya referido, que por la diversidad aeronáutica puesta en escena, se tenía que poner en conjunción, tanto en el ámbito nacional, como en el internacional.

CONSIDERACIONES FINALES

Por Ley de ocho de agosto, (1939), se creó el Ejército del Aire; posteriormente se creó la Jurisdicción Aérea según la Ley de uno de septiembre, (1939), y en esta misma fecha, (1939), por Decreto, se organiza el Ministerio del Aire, Organismo que se venía proponiendo para poner en conjunción la creciente diversidad de los medios aeronáuticos existentes.

En el desarrollo de la legislación aérea, mediante Decreto de 12 de abril de 1940, se crea la Comisión de Gerencia de tráfico aéreo español con dependencia directa del Ejército del Aire. Dicha Comisión, estaría compuesta por un Presidente y cuatro Vocales; de ellos, un vocal, en representación de la Dirección General de Correos y Telecomunicaciones del Ministerio de la Gobernación, y, un segundo vocal, como Interventor en representación del Ministerio de Hacienda.

De los generadores de gas hidrógeno del Servicio de aerostación de Guadalajara se puede conjeturar que, a partir de la década de los años treinta, el hidrógeno fue suministrado por la industria particular, dejando de fabricarse en el Parque de aerostación.

Composición de fotografías, **Imagen 63**, corresponden al año 1929 y 1946. (AHEA. Sig. 1-09067-01. Año 1929. ACECAF. Sig.: Guadalajara Serie A R- 56 N-92 (25-02-46). *"Instalaciones de la Aeronáutica militar en Guadalajara"*. Año 1946).

Imagen 63.- *Instantáneas de 1929 y 1946 de las instalaciones en Guadalajara.* (Imagen del autor)

Dos fotografías del Polígono del Servicio de aerostación de Guadalajara, separadas diecisiete años, con la tentativa de comparar las siluetas de las instalaciones de los hangares en el Polígono de Escuela Práctica del Servicio de aerostación, de la que se puede conjeturar que todas las instalaciones prácticamente permanecen, tanto las del Parque de aerostación, como las del Aeródromo anexo al mismo, a excepción de las siluetas de los hangares en el Polígono, tanto el de globos esféricos y cautivos, como el del globo-dirigible, por lo que se interpreta que fueron desmontados.

Respecto a las fábricas de hidrógeno con que contaba la Aerostación naval, son las siguientes referencias: Con fecha 6 de diciembre de 1941, la SEQF eleva instancia al Excmo. Sr. Ministro de Marina, solicitando le sea vendida la instalación de compresión de hidrógeno de la Aeronáutica naval. Se accede a tal petición.

La solicitud para la fábrica de hidrógeno semifija, instalada en la base aeronaval de San Javier, (ésta había sido transferida, ante notario, por el Ministerio de Marina al recién creado Ministerio del Aire), fue solicitada desde el Servicio de Meteorología, desde la Sección de Aerología al Servicio Meteorológico Nacional. Tal solicitud se trasladó al Ministerio del Aire; resolviéndose que fuera enviada al Protectorado español de Marruecos para atender las necesidades del servicio de Meteorología, ya que eran sumamente difíciles las comunicaciones con la fábrica de Zaragoza.

RESUMEN

Para la navegación y su coordinación, era necesario establecer un meridiano único de referencia, el estudio de la meteorología y buscar la *fuerza ascensional* adecuada que proporcionaba la posibilidad de navegar por el desconocido «Océano del aire».

Con la aplicación del gas hidrógeno a los aerostatos, como alternativa al *aire enrarecido*, (aire caliente), y al *gas de alumbrado*, una vez mejorada su calidad, hasta obtenerlo químicamente puro, de mayor fuerza ascensional e inofensivo, exento de sustancias tóxicas y de las que deterioraban las telas de los globos, su almacenamiento comprimido en cilindros especiales y su transporte al lugar previsto de la elevación, dio movilidad a la Aerostación expedicionaria.

Las prácticas aerosteras requirieron del establecimiento de organismos nacionales e internacionales que reglamentara las actividades para el desarrollo *sportivo* y *técnico* del referido arte.

El reconocimiento internacional de la Aerostación quedó vinculado a la participación en las observaciones a niveles altos de la atmósfera y sus estudios asociados, que contaron con la coordinación de la Comisión Internacional de Aerostación Científica y la Oficina de Meteorología Internacional, apoyados en la comunicación "instantánea" que proporcionaba la red telegráfica.

Poner la Aerostación frente al derecho, dentro del concepto de frontera de Estado, conllevaba poner en conjunción la *libertad de acción de la atmósfera*, la *codificación aérea* y el *Reglamento aéreo*, en el *dominio del aire*.

Al requerir mayor cantidad de gas hidrógeno del que podían producir los Parques aerostáticos, se recurrió a la industria particular. En España, el suministro de gas hidrógeno, por la industria particular a la Aerostación, se inició en 1908.

Una vez que se desarrolló el motor de combustión interna, entró en el escenario aeronáutico, el globo-dirigible, el aeroplano y el hidro-aeroplano; éste sustituyó el tren de aterrizaje, por el tren de amerizaje, es decir, ruedas por flotadores. En España, ponerlos en conjunción, supuso la necesidad de transferir la colaboración con la CIAC, al Instituto Central de Meteorología.

Hacerse con el correo postal entre Europa, África y América concurrieron tres nuevas tentativas de transporte: el *ferrocarril internacional*, el *aeroplano* y el *dirigible*. Los dos primeros requerían realizar varias etapas para llegar a destino, cruzando el Océano en conjunción con el transporte marítimo por la menor ruta entre puertos, estos puertos eran: *Dakar* y *Pernambuco*; en el caso del dirigible, éste unía continentes sin escala, lo que le convirtió en el medio más idóneo.

El desarrollo que iba tomando la Aeronáutica española y su coordinación en el ámbito internacional de Navegación aérea, hizo que se nombrara una Comisión interministerial, con miras a la unificación, en cuanto fuera posible de las tres ramas de aeronáutica: *Aerostación*, (globos); *Aeronáutica*, (dirigibles); y *Aviación*, (aeroplanos, aviones e hidroaviones), en el uso coordinado de los elementos comunes de interés general; lo que supuso: el *fomento* de las líneas aéreas nacionales; la *publicación* de la Ley de aeropuertos; la *reorganización* de la Jefatura Superior de Aeronáutica militar; y la *reorganización* del Servicio Aeronáutico naval.

El establecimiento de una línea aérea española con dirigibles, en el periodo del desarrollo de las líneas aéreas, no llegó a buen término, según el proceder administrativo del gobierno.

Palabras clave: Aeronáutica; Aeroplano; Aerostación; Aerostato; Atmósfera; Colombofilia; Dirigible; Ferrocarril; Geodesia; Hidrógeno; Hidros; Meteorología; Navegación; Parque aerostático; Telegrafía; Telegrafía óptica.

BIBLIOGRAFÍA

ARCE DÍEZ, P.: *"Salvador Hedilla. Un piloto audaz"*, Gráficas Eujoa, Ayuntamiento de Arnuero, 2017.

ARÍSTEGUI CORTIJO, A. *"El levantamiento del Mapa de España: trabajos geodésicos, topográficos y catastrales (1853-1883)"*. Tesis doctoral. 2001. UCM.

BANÚS y COMAS, C.; *"Reflexiones acerca de la campaña de Melilla"*. Imprenta del Memorial de Ingenieros. 1912. Madrid.

BORREGUERO GÓMEZ, A., Col. Dr. Ingeniero Aeronáutico. *"Los dirigibles desde* 1940 *hasta nuestros días"*. Dossier dirigible. Revista Aeronáutica y de Astronáutica. Nº 537. Sep. 1985.

CUBILLO y FLUITERS, J.; Tte. de Ingenieros. *"Navegación aérea. Dirigibles y Aeroplanos"*. Guadalajara. Imprenta y Librería de Daniel Ramírez. 1909.

DE AZCÁRATE, Tomás.- Capitán de Fragata. *"Anales del Instituto y Observatorio de Marina de San Fernando"*. Sección 1ª Eclipse total de Sol del 30 de agosto de 1.905. Sección tipográfica del Observatorio. San Fernando. 1.907.

DE QUEROL MÜLLER, Fdo.; Gral. del Ejército del Aire. *"Datos sobre Tablada"*. 1985.

DE SALAS, R.; Capitán del Arma de Artillería. *"Memorial Histórico de la Artillería Española"*. Madrid, noviembre de 1831. Imprenta que fue de García, Calle Jacometrezo, núm. 15. 1831.

ESPAÑA, A.; *"La pequeña historia de Tánger. Recuerdos, Impresiones y Anécdotas de una Gran Ciudad"*. 1954.

FERRET i PUJOL, J.; *"L'arribada de dos dirigibles italians/La Navegació de Globus i Dirigibles pel Cel d'El Prat (1921-1933)"*. Artículo. 10 abril de 2001.

GOMÁ ORDUÑA, J.; *"Historia de la Aeronáutica Española"*. Imprenta Prensa Española. Madrid. 1946.

GONZÁLEZ GONZÁLEZ, Fco. J.; *"El Observatorio de San Fernando en el siglo XX"*. Ministerio de Defensa. ISBN: 84-9781-091-0. 2004

GONZÁLEZ REDONDO, Fco. A.; *"Ciencia Aeronáutica y Milicia. Leonardo Torres Quevedo y el Servicio de aerostación militar, 1902-1908."* Llull. Vol. 25. 2.002, 643-676. I. S. S. N. 0210-8615.

HERRERA LINARES, E., Comandante del Cuerpo de Ingenieros; *"Cómo podría ser un Dirigible. Trasatlántico español"*. Imprenta Memorial de Ingenieros del Ejército. 1919. Y, siendo General; *"La primera travesía del Atlántico por el dirigible 'Graft Zeppelin'"*. Colaboraciones especiales: Recuerdos Aeronáuticos. CIENCIA AERONÁUTICA Nº 71; 1960.

HIERRO CASTARLENAS, M.; *"Los Orígenes"* del libro: «*Centenario de "La Fábrica", de la Sociedad Electro-Química de Flix a ERKIMIA, 1897-1997*»; Coordinador: Muñoz Hernández, P.; Edición: Ercros SA; ISBN: 84-7782-486-X. 1997.

HINDERBRANDSSON, H., y TEISSERENC DE BORT, L.: *"Les bases de la météorologie dynamique. Histoire-état de nos connaissances"*, Upsal-París, 1898.

INSTITUTO GEOGRÁFICO NACIONAL. *"Instituto Geográfico Nacional 150 Aniversario 1870-2020"*. DOI: https://doi.org/10.7419/162.33.2020.

LÓPEZ REY, D.; *"Teisserenc de Bort y 'la esfera de las capas'"* https://www.tutiempo.net/meteorologia/articulos/teisserenc-de-bort.html

LÓPEZ ZARAGOZA, L.; *"Gibraltar y su campo: guía del forastero"*. 1899. FLA-236-2-37.pdf. Identificador: http://hdl.handle.net/10481/5813

MARTÍNEZ SANZ, F. (Comandante de Ingenieros) y BARRERA, A. (Teniente de Ingenieros), *"Aerostación y Elementos Auxiliares"*, ambos observadores de aerostación. Editado por Colección Bibliográfica Militar. 1934.

OLIVER ROIG, S.; *"Historia de la telegrafía óptica en España"*. Madrid, 1990.

PALOMARES CALDERÓN, M.; *"Vilhelm Friman Koren Bjerknes. Notas biográficas"*; (2003)// *"La ascensión en globo de Augusto Arcimís en 1905"*; (2010).

ROSADO PACHECO, S.- *"La Ley General de Obras Públicas de 13 de abril de 1877. (Una reflexión sobre el Concepto de Obra Pública)"*. Localizador: Anuario de la Facultad de Derecho. Universidad de Extremadura, ISSN-e 2695-7728, ISSN 0213-988X, Nº 6, 1988, págs. 211-279.

SÁNCHEZ CERVELLÓ, J.; VISA RIBERA, Fco. R. *"La navegació fluvial i la industrialització a Flix (1840-1940)"*. Flix: La Veu de Flix, 1994.

SECRÉT y COLL, José A. *"Deslinde de las Ciencias Geográficas o Prolegómenos de Geografía con otras nociones para servir de suplemento al texto y contestar a puntos interesantes del programa: Opúsculo Didáctico Geográfico"*. Pamplona 1889.

UTRILLA NAVARRO, L.; Historiador de AENA. *"Historia de los Aeropuertos Españoles. HISTORIA DE LOS AEROPUERTOS DE SEVILLA"*. AENA. Aeropuertos Españoles y Navegación Aérea. 2008. ISBN. 978-84-92499-05-2.

UTRILLA NAVARRO, L.; GARCÍA CRUZADO, M. y SALAZAR DE LA CRUZ, Fco.; *"Historia de los Aeropuertos Españoles. HISTORIA DE LOS AEROPUERTOS DE BARCELONA* [I] *y* [II]*"*. AENA. Aeropuertos Españoles y Navegación Aérea. 2011. ISBN. 978-84-92499-57-1, (Obra completa).

VICENTE TOSCA, THOMAS; Doctor, Presbytero de la Congregación del Oratorio de San Felipe Neri de Valencia. *"TRATADO DE LA GNOMONICA, U DE LA THEÓRICA, Y PRACTICA DE LOS RELOXES DE SOL"*. Con licencia en Valencia. Año 1715. Vendese en Casa de Juan Baeza. Mercader de Libros a la Plaça de Villarasa. Ref.: 681.111/001. Roig Impresores, 1996. Valencia.

ARCHIVOS, BIBLIOTECAS Y HEMEROTECAS CONSULTADOS

Archivo del Centro Cartográfico y Fotográfico del Ejército del Aire

- *"Aeródromo de Cuatro Vientos en 1916"*

Archivo Fotográfico Academia General del Aire

- *"Vista aérea del Puerto de Cartagena y costa litoral"*. S/F.

Archivo General de Marina Álvaro de Bazán, (AGMAB), (Viso del Marqués. Ciudad Real)

- Memoria de entrega: «*Estado en que se encuentra la Aerostación Naval y Política Aérea al hacer entrega de su Dirección: Instalación en Flix*». Leg. N° 7510. 1930.

Archivo General Militar de Segovia, (AGMS)

- VIVES VICH, P.;
   "Informe que se cita". Aerostación militar. Legajo 39. Agosto de 1908// *"Proponiendo la adquisición de un aeroplano Farman, el planteamiento de un laboratorio aerotécnico, y remitiendo unas bases para la reorganización del Servicio aerostático."* Escrito N° 136; 1910.

- ROJAS RUBIO, Fco. de Paula;
   "Memoria sobre las gestiones mediadas entre La Oxhídrica y el Parque aerostático (…)." Parque aerostático de Ingenieros. Memoria. Leg. 39. 1908// *"Proyecto adquisición de cilindros para gas comprimido."* Parque aerostático de Ingenieros. Memoria Descriptiva. 1910. Leg. 39.

Archivo Histórico Nacional (AHN) (Madrid)

- Expediente: *"Expediente iniciado por el Gerente de la Sociedad anónima Colón, Compañía Transaérea Española, solicitando la adjudicación de la línea de servicio regular de dirigibles Sevilla y Buenos Aires, y la construcción en Sevilla del aeropuerto necesario para tal servicio."* Sig.: FC-Presid_Gob_Primo_de_ Rivera, 224-2, Exp.1; 1924-1926.

Archivo Histórico del Ejército del Aire, (AHEA), (Villaviciosa de Odón. Madrid)

- HERRERA LINARES, E. *"Varios escritos"*. Sig. 21573. Parte I. (1919-1920)// Ídem. Sig. 21573. Parte II. (1920-1923)// Ídem. Sig. A11537-2. (1923-1932).

- VIVES Y VICH, P.: Fondo Documental Pedro Vives.
   Diario de Pedro Vives. Sig. N-1865// Colección de Documentos (1896-1902). Sig. N-1866-7: *"Comisión a Alemania y Austria para estudio material aerostático"*// *"Comisión para la recepción y pruebas de material Aerostático adquirido en Augsburgo, Bous y París y para estudiar adelantos militares en Suiza"*// *"Notas tomadas en comisión a Roma, Düsseldorf y París para estudio de material aerostático"*// Escrito N° 281. *"Se pone en conocimiento del Excmo. Sr. Com^te Gral. de Ing^os del 5° Cuerpo del Ej^to de haberse finalizado la instalación de palomares militares en las islas Canarias"*. Agosto de 1898// Escrito N° 124 A. *"Memoria fin comisión recepción material aerostación"*. Sig. P 0105593. 22 octubre 1900. // Sig. N-1866/9.1. *"Comunicaciones (18/08/1908-31/07/1910)"*// Sig. N-1866/9.4. *"Representación del Ministerio de la Guerra en la Comisión mixta de Instrucción Pública, Marina y Guerra para el establecimiento de un observatorio aerológico en las Cañadas del Teide (Tenerife). (19/04/1909-28/06/1909)"*// Sig. N-1877.1. *"La Aerostación Aplicada al Progreso de la Meteorología."* 1913// Sig. N-1867-1 II. *"Aerostación/ Observaciones del Coronel Director/ Documento n°3/ Proyecto Organización Poder Aeronáutico"* // Sig. N 1872.10. *"Notas sobre la conferencia dada en el RAeCE"*. 1923// Sig. A-1379. *"Organización de la Aeronáutica militar y Servicio de aviación 1917-1935"*.

- Escrito del Director Gral. De Industria y Material al Excmo. Sr. General Subinspector del Aire comunicando la solicitud hecha por la Sociedad "ELECTRO-QUÍMICA DE FLIX". Nº Salida 3856, de 13.03.1841.Sig. M 1009. 1941.

- Escrito del Jefe de la Sección de Aerología al Ilmo. Sr. Jefe del Servicio Meteorológico Nacional. *"Solicitando se interese por la fábrica de hidrógeno del Aeródromo de San Javier"*, de 21.04.1941. Sig. A 2388. 1941.

- Nota. *"Proyecto de curso de observadores de globo para los meses de febrero y marzo 1922 con asistencia del profesor de la Escuela de Cazeau (Francia) en Guadalajara"*. Sig. A 1338. Diciembre de 1921.

- FOTOGRAFÍA.-

"Exposición Universal de 1900 París. Sección X Aerostación; Programa y Publicidad". Sig. N 1866-7.73 y 7.74; 1900 / / *"Parque y Polígono de Escuela Práctica del Servicio de aerostación"* Sig. N1878-11. S/F/ / *"Campamento base de observaciones cautivas aerostación desde globo cometa."* Sig. Dig. 121-27; S/F.

Archivo Histórico Ferroviario - Fundación Ferrocarriles Españoles, (AHF-FFE)

- *"Expediente relativo al proyecto de Ley del ferrocarril eléctrico ancho normal internacional y de doble vía entre la frontera francesa y Algeciras"*. S-0260-001. (El expediente lo componen 21 documentos. Los materias tratadas son: 1. Proyectos de ley; 2. Doble vía; 3. Proyectos de líneas; 4. Publicaciones; 5. Prensa escrita; 6. Accidentes ferroviarios; 7. Concesiones de líneas; 8. Legislación; 9. Estrechamiento de vía).

- CONGRÈS INTERNATIONAL DES CHEMINS DE FER (Berna-1910).- *"1910 Berne 1910. Congrés International des Chemins de Fer"*. Libro. Imprenta Artística de José Blas y Cía. Madrid. 1910.

- Croquis. *"Trazado del ferrocarril internacional Íbero-Afro-Americano"*. Sig. S_0260_001_007-03. S/E. 1910.

- Croquis.- *"Expediente relativo al proyecto de Ley del ferrocarril eléctrico ancho normal internacional y de doble vía entre la frontera francesa y Algeciras"*. Sig. S-0260-001-001-11. Año 1919.

Archivo Histórico Provincial de Gipuzkoa (Archivo Histórico Provincial de Guipúzcoa), (AHPG-GPAH), (Oñati. [Oñate]).

- Acta de Constitución de la Sociedad La Oxhídrica Española. AHPG-GPAH 3-4155, A226r-240v.

Archivo Histórico Provincial de Guadalajara (AHPGu).

- *"Plano de Guadalajara"*. E: 1/1000. Hoja nº 4. Guadalajara a 10 de abril de 1912. Rafael Mónico. Topógrafo Auxiliar Mayor de Geografía. Ref.: AMGu-138407.

Archivo Municipal de Burgos (AMBu)

- Fotografía con motivo del eclipse de Sol de 30 de agosto de 1905

- Sig. FO 5064. *"Elevación motivos fiesta eclipse de sol"* / / Sigs. FO-5065. *"Festejos"* / / Sig. FO 9099. *"Público y globos en terrenos que ocupan los cuarteles de C-Victoria Burgos"* / / FO-25712. *"Actividades militares del Cuerpo de Ingenieros"*

Arxiu Municipal de El Prat (Archivo Municipal de El Prat) (AMEP), (Barcelona)

- Nota de prensa. *"En el Ayuntamiento. Sesión Municipal"*. Recorte de periódico. Pág. 8. Sábado 18 de marzo de 1933.

- Plànol complert de l'emplaçament del projectat "Aeriport" i actuals camps d'aviació. Gestions Relatives a l'emplaçament definitiu de l'aeroport de Barcelona en terrenys d'aquest terme municipal, 1936". Exp. 469-11.

Arxiu Municipal de Flix (Archivo Municipal de Flix) (AMFlix), (Flix. Tarragona)

- Fons (Fondos) SEQF-EQFSA.
"Convenio entre Aeronáutica naval y SEQF, para la construcción de una caseta para sala de máquina en la instalación que para compresión de Hidrógeno posee la Escuela de Aeronáuticas en Flix (Tarragona)"; Seqf_sg_top_76_02. 1929 // *"Convenio entre Aeronáutica naval y SEQF, para la construcción de una pared de cerca en la estación compresora de Hidrógeno de la Aeronáutica naval,"*; Seqf_sg_top_76_03. 1929// *"Convenio entre el Servicio de Aviación militar y la SEQF, para adjudicación directa de 20.000m3 de gas Hidrógeno para el Servicio de aerostación"*; Seqf_sg_top_76_04. 1930.

- Nota manuscrita. titulada: *"Piezas que existen/faltan del compresor hidrógeno de los militares"*. Seqf_sg_top_76_03. 1942.

- Fons (Fondos) SEQF-EQFSA.
Delegación de Industria de Tarragona. 'Valoración daños de guerra'. *Plano General de la Fábrica SEQF.* E: 1/2000. Agosto 1939 // *Plano General de la Fábrica SEQF.* E: 1/500. 1939

- Fotografías Fondo Oscar Kurz Hobert Ref.: img. 043// img. 044// photo 1394// photo 1395.

Archivo Municipal Palacio Montemuzo de Zaragoza (AMPMZ)

- Plano parcelario de Zaragoza (Ref. AMZ 4-2 Plano 0451. Hoja N° 6; 1914; E: 1/1000).

Archivo Municipal de San Javier (AMSJ). (San Javier. Murcia)

- Fotografía.- *Vista general del vapor Dédalo.* Fondos Miguel Ferrer. Ref. 141.

Bibliothèque nationale de France (BnF_Gallica)

- BESANÇON, Georges.- *"La météorologie et les cerfs-volants".* L'Aérophile, N°3 Marzo 1897. *"Information. Ballon-sonde russe"* Ídem, N°6 June 1899.

- FONVIELLE, de W., *"Coronel Alexandre de Kowanko".* Ídem, N° 7; julliet 1899.

- JUCHMÉS, G. *"L'Aéronautique à l'Exposition de 1900. Comité d'organisation des Exercises Physiques et de Sport.Section X: Aérostation".* Ídem, N°6 June 1899.

- LE BIHAN, F.; Jefe del servicio meteorológico en el Observatorio de Nantes. *"Congrès international de Météorologie". "* Ídem, N° 9; sept. 1900.

- NOTAS: *"Le tour du monde aérien. La prochain éclipse et les ballons"-"* Ídem, N° 2. Février 1905.

- Extracto: *"L'Aéronautique à l'Exposition de 1900. EXTRAITS du Règlement général des Concours de la Section X".* N° 2 Février 1900.// Extracto: *"Séance du 30 janvier 1905. COMIMSSION D'AEROSTATION SCIENTIFIQUE"* PARTIE NON OFFICIELLE. Ídem. N° 1 Janvier 1905.// Extracto: *"Séance du 27 mars 1905. COMIMSSION D'AEROSTATION SCIENTIFIQUE ."* Ídem. N° 4 Avril 1905.// Notas; *"La Travesée des Pyrénées en ballon"* Tour du Monde aérien. Ídem. N° 5. Mai 1905.

- HERMITE, G.; *"La Coupe des Pyrénées. De Pau à la Sierra-Nevada en ballon."* Ídem. N° 1 Janvier 1906.

Biblioteca Virtual de Defensa (BVD)

- Anales del Instituto y Observatorio de Marina de San Fernando. *"Eclipse total de Sol del 30 de agosto de 1905."* D. Tomás de Azcárate. Capitán de Fragata. Sección tipográfica del Observatorio. 1907.

- Colección Legislativa de la Armada.- R. d. Nº 163, de 13 de julio de 1895. *Aprobando el Reglamento de Régimen interior del Ministerio de Marina.*

- GEMMA FRISIO, Médico y Mathematico. *"LA COSMOGRAPHIA DE PEDRO APIANO, corregida y ampliada por Gemma Frisio".* La manera de describir y situar los Lugares, con el uso del Anillo Astronómico, del mismo autor Gemma Frisio. El sitio y descripción de las Indias y Mundo Nuevo, sacada de la Historia de Francisco López de Gomara, y de la Cosmographía de Jeronymo Giraua Tarragonez. MDLXXV. EN ANVERES. Por Juan Bellero al Aguilar de Oro. Con Privilegio de Su M. (Copia). Museo Naval.

- Colección legislativa del Ejército.
R. o. Nº 355, de 17 de diciembre de 1896, *Disponiendo la forma en que ha de quedar constituido el Establecimiento Central de Ingenieros, y dictando bases para la organización del Servicio de aerostación militar.//* R.o.c. de 26 de junio de 1901, *Suprimiendo el Establecimiento Central de Ingenieros y pasando el Servicio de aerostación a depender del Ministerio de la Guerra.//* R. d. Nº 32, de 28 de febrero de 1913, *Creando el Servicio de aeronáutica militar.//* R. d. Nº 33, (R. o. c. de 16 de abril de 1913). *Aprobando el reglamento para el Servicio de aeronáutica militar.*

- Diario Oficial
Ministerio de la Guerra: R. o. de 21 de mayo (Nº 111; 1900)// R. o. de 2 de abril (Nº 73; 1910)// R. d. de 28 de febrero (Nº 48; 1913)// R. o. c. de 30 agosto (Nº 195; 1918)// R. d. de 30 de noviembre de 1921// R. d. de 13 de julio (Nº 159; 1926)// D. de 26 de junio (Nº 141; 1931).
Ministerio de Marina: R. d. de 15 de septiembre (Nº 210. 1917)// R. o. de 29 de diciembre (Nº 3; 1921)// R. o. de 26 de enero (Nº 27; 1921)// R. o. de 27 de mayo (Nº 115; 1927)// O. de 13 de noviembre (Nº 210; 1930).

- Memorial de Artillería
ANÓNIMO.- *"UN DOCUMENTO MUY INTERSANTE".* Año 68.- Serie IV.- Tomo IV. Madrid. Imprenta de Eduardo Arias. San Lorenzo, nº 5. 1913.

- Memorial de Ingenieros del Ejército
ANÓNIMO.- *"La nueva organización de las tropas de ingenieros".* Revista Memorial de Ingenieros del Ejército. Nº I; enero de 1885. Imprenta Memorial de Ingenieros. Madrid.

ANÓNIMO.- *"Aeronáutica Militar. Resumen de los resultados obtenidos en la rama de aviación, desde los primeros ensayos,* [1911]*, hasta la fecha,* [1914]*".* Nº IX. Quinta Época. Tomo XXXI; 1914.

CASTRO DÍAZ, L. DE; *"Manual Teórico y Práctico de Aerostación".* Nº VI; Época Cuarta. Tomo XII; 1895.

GAGO, J.; *"Trocha del Júcaro".* Comandante de Ingenieros. AÑO LIII. Nºs VIII, IX y X. 1898.

GARCÍA ROURE, J.; Comandante de Ingenieros. *"Bahía de Algeciras".* AÑO LIV, Nº V. 1899.

LOZANO, Fco.; Capitán de Ingenieros. *"Telegrafía militar. Red óptica de España".* Núm. I. 1908.

MARVÁ y MAYER, J.; General del Cuerpo de Ingenieros; *"Las Tropas de Ingenieros en la campaña de Melilla".* Octubre de 1909. Núm. X. 1909.

MONTOTO, Rudesindo; *"Cuarta Conferencia de la Comisión Internacional de Aerostación Científica. Organización y Sesiones"* Ídem. Nº V. Mayo 1906.

NOTA.- *"Séptima Conferencia General de la Asociación Geodésicoa Internacional".* Nº XXIII. 1º diciembre de 1883. Imprenta Memorial de Ingenieros. Madrid.

ROJAS RUBIO, Fco. de Paula, *"Servicio Aerostático militar".* Imprenta del Memorial de Ingenieros. Madrid 1906.

SUAREZ DE LA VEGA, L.; Coronel Comandante de Ingenieros. *"La Aerostación militar"*. Obra premiada con mención honorífica en el concurso de 1886. Madrid. Imprenta Memorial de Ingenieros. 1887.

VIVES VICH, P.; *"Dos ascensiones en globo libre"*. N^{os.} X y XI. Año LII. Madrid 1897. / / *"Observaciones del eclipse total de sol de 30 de agosto de 1905 por medio de globos"*. N° I; Año LX; Madrid. 1905. / / *"El Real Aero-Club de España"*. N° V; Año LX; Madrid. 1905. / / *"Parque aerostático de Ingenieros. Observaciones del eclipse total de Sol de 30 de agosto de 1905, por medio de globos."* N° I. Enero 1905. / / *"Avance de los resultados obtenidos en las observaciones del eclipse total de sol de 30 de agosto de 1905"*. Ídem. N° VIII. Agosto de 1906. / / *"Aerostación militar."* N° V; Año LXIV. Madrid. 1909.

- Revista General de Marina

GOITIA, Miguel, Teniente de navío; *"Apuntes sobre el Tendido del cable telegráfico submarino entre Cádiz e islas Canarias"*. Cartagena, febrero de 1884. Tomo XIV. 1884.

M. S.; *"Noticias relativas a la exploración hecha para tender el cable submarino entre Cádiz y las Islas Canarias"*. Tomo XIV. 1884.

GUILLÉN TATO, J. F.; Teniente de Navío. "ANTECEDENTES *y Nociones sobre la fabricación de hidrógeno y descripción de los servicios de este gas a bordo del vapor 'Dédalo'."* Págs.: 535 y 649. Tomo LXXXXI. Madrid. Imprenta Ministerio de Marina. 1922.

EL DEPARTAMENTO.- *"El submarino «Peral»"*. Tomo XXIII. 1888.

NOTICIAS VARIAS.- *"Submarino Peral"*. Tomo XXVII. 1890.

PASTORÍN, J., Comandante Tte. de navío. *"Cuenta del tiempo cosmopolita y Primer meridiano universal"*. Publicada en la Dirección de Hidrografía. Tomo IX. 1881.

- Revista Locomoción Aérea.
NOTA DE PRENSA: *"Meeting en Dijon"*. 1910. Órgano Oficial de la Asociación Locomoción Aérea de Barcelona. 25 de octubre. N°10

BulletinTechnique de la *Suisse Romande.*

- BOSSET, E.- Profesor de la Escuela de Ingenieros de Lausanne. *"Huitième session de l'Association internationale du Congrès des chemins de fer"*, [*"8ª Sesión de la Asociación internacional del Congreso de los caminos de hierro"*]. Boletín N° 3. 10 de febrero de 1910.

- NOTA.- *"L'Association internationale du congrès des chemins de fer"*, [*"Asociación internacional del congreso de los caminos de hierro"*]. Boletín N° 1. 10 de enero de 1919.

Hemeroteca de la Biblioteca Nacional de España

- Artículo: *"Concurso Internacional de Globos Libres en Barcelona. (18 de mayo de 1908)."* España Automóvil N° 11; 1908.

- Artículo: *"La Escuela práctica de las tropas de aerostación. Expedición a Ceuta"*. Revista España Automóvil, N° 22. (1908).

- Artículo: *"Declaración entre el Reino Unido y Francia acerca de Egipto y Marruecos, (Firmado en Londres el 8 de abril de 1904)"*, Boletín Oficial de la Zona de Influencia Española en Marruecos. N° 5; Madrid 10 de junio de 1913.

- AUNÓS PÉREZ, E.; *"La línea aérea Sevilla-Buenos Aires, por dirigible"*. Revista AÉREA, N° 45. Febrero 1927.

- NOTA: *"Nuevo cable al África. Noticias generales"*. La Época (Madrid 1868), N° 11.858. Sábado 31 de octubre de 1985.

- NOTA DE PRENSA: *"Escuela Nacional de Aviación-Kursaal, inauguración"*. La Correspondencia de España (Madrid), N° 19.410. (1911). // Nota de prensa: *"Los progresos de la aviación y el Sr. Gasset"*. La Correspondencia de España (Madrid), N° 19.464. (1911).

- NOTA: *"Señores que forman la Comisión que ha de redactar el proyecto para reorganizar la Aviación española"*. AÉREA. N° 6. Madrid. Noviembre 1923.

Hemeroteca Boletín Oficial del Estado (BOE-Gaceta de Madrid)

- Gaceta de Madrid: Suplemento de 4 de noviembre (N° 88; 1794)// Decreto de 12 de septiembre (N° 257; 1870)// Ley de 29 de diciembre (N° 365; 1876)// Ley de 13 de abril (N° 105; 1877)// Ley de 3 de mayo (N° 132; 1880)// R. d. 28 de diciembre (N° 364; 1882)// 8 de julio (N° 279; 1884)// R. d. de 11 de agosto (N° 230; 1887)// R. d. de 26 de julio (N° 209; 1900)// R. d. de 22 de octubre (N° 301; 1902)// R. o. de 4 de enero (N° 9. 1904)// R. o. circular de 10 de agosto (N° 223; 1905)// R. d. de 26 de mayo (N° 149; 1906)// Cancillería (N° 2; 1907)// Anuncio concurso, 1 de junio (N° 152; 1911)// N° 285; 1915// R. d. de 9 de diciembre (N° 344; 1918)// R. d. de 25 de noviembre (N° 334;1919)// R. d. de 23 de marzo (N° 86; 1923)// R. d. de 28 de abril (N° 120; 1925)// R. d. Ley (N° 201; 1927)// R. o. (N° 64;1928)//R. o. de 26 de febrero (N° 60; 1930)// G. M. (N° 43; 1931)// G. M. (N° 326; 1934)// O. de 20 de marzo (N° 81; 1935).

Hemeroteca Diario ABC (Madrid)

- BENET; *"Travesía del Mediterráneo en globo."* ABC. Edición 2ª. 1906.

Hemeroteca Digital Revista de Obras Públicas

- Maristany Gibert, E.; *"La Unificación y Numeración de la Hora en la explotación de los ferrocarriles"*; 1897, Tomo II; N° 1136.